누구의 풍선이 더 많을까요?

KB198963

✻ 풍선을 더 많이 가지고 있는 친구는 누구일까요?

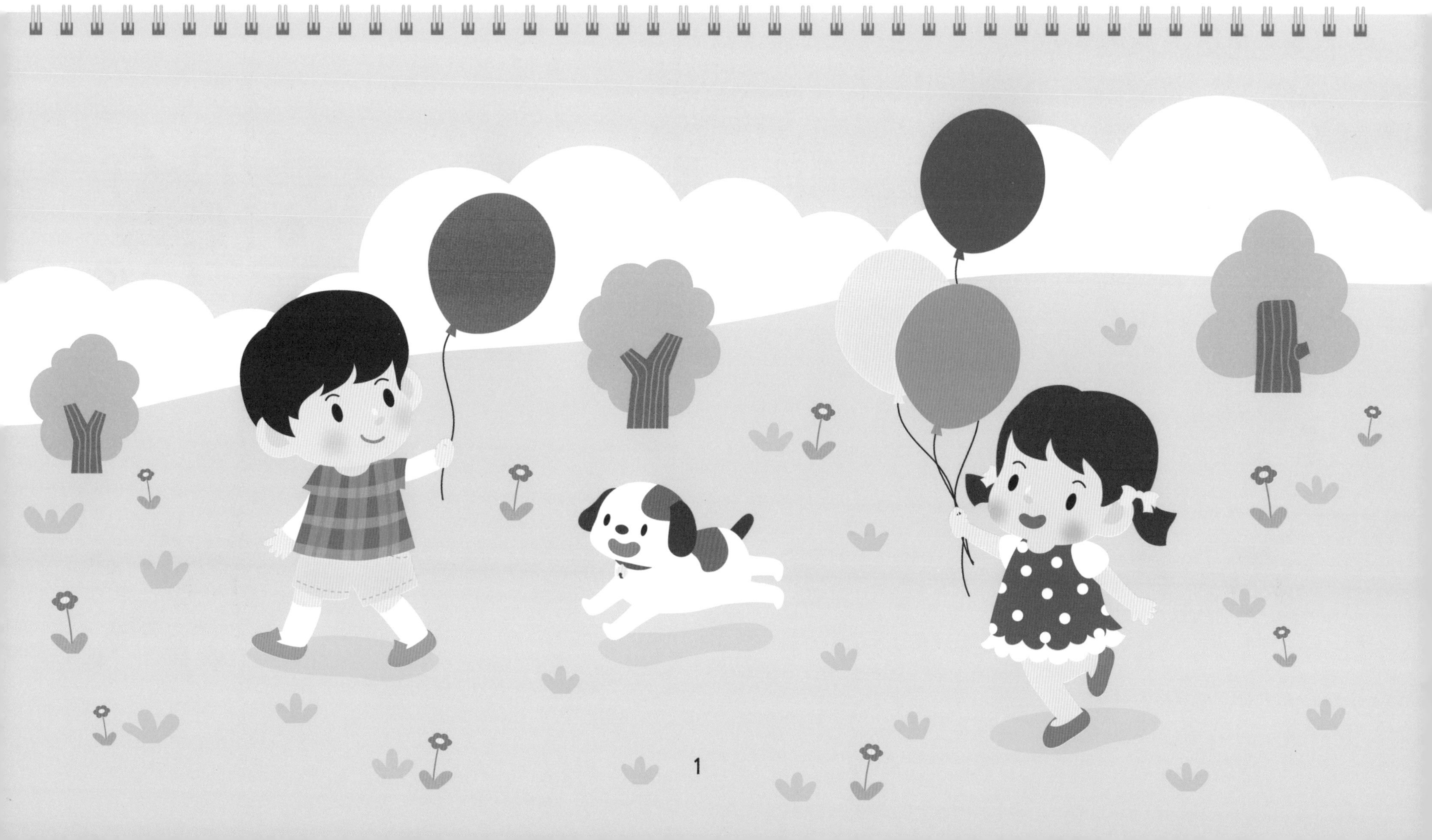

무엇이 똑같을까요?

* 같은 동물끼리 선을 따라 이으세요.

누가 더 클까요?

* 어느 곰인형이 더 클까요? 더 큰 인형에 ○하세요.

참 맛있어요!

✻ 동물들이 좋아하는 것을 선을 따라 이으세요.

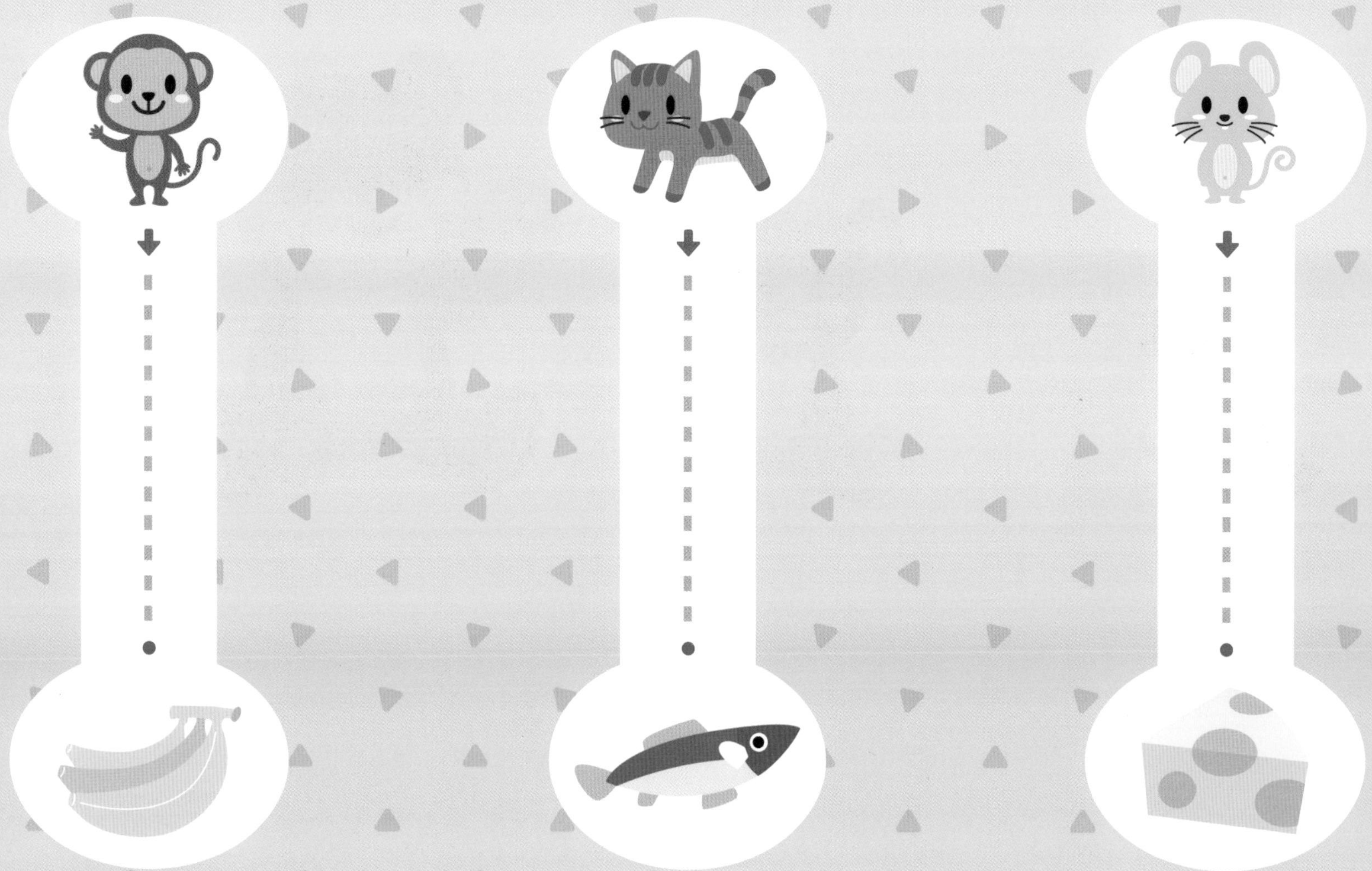

칙칙폭폭! 기차가 달려요

✻ 토끼들이 기차놀이를 하고 있어요. 더 긴 줄을 찾아 ○ 하세요.

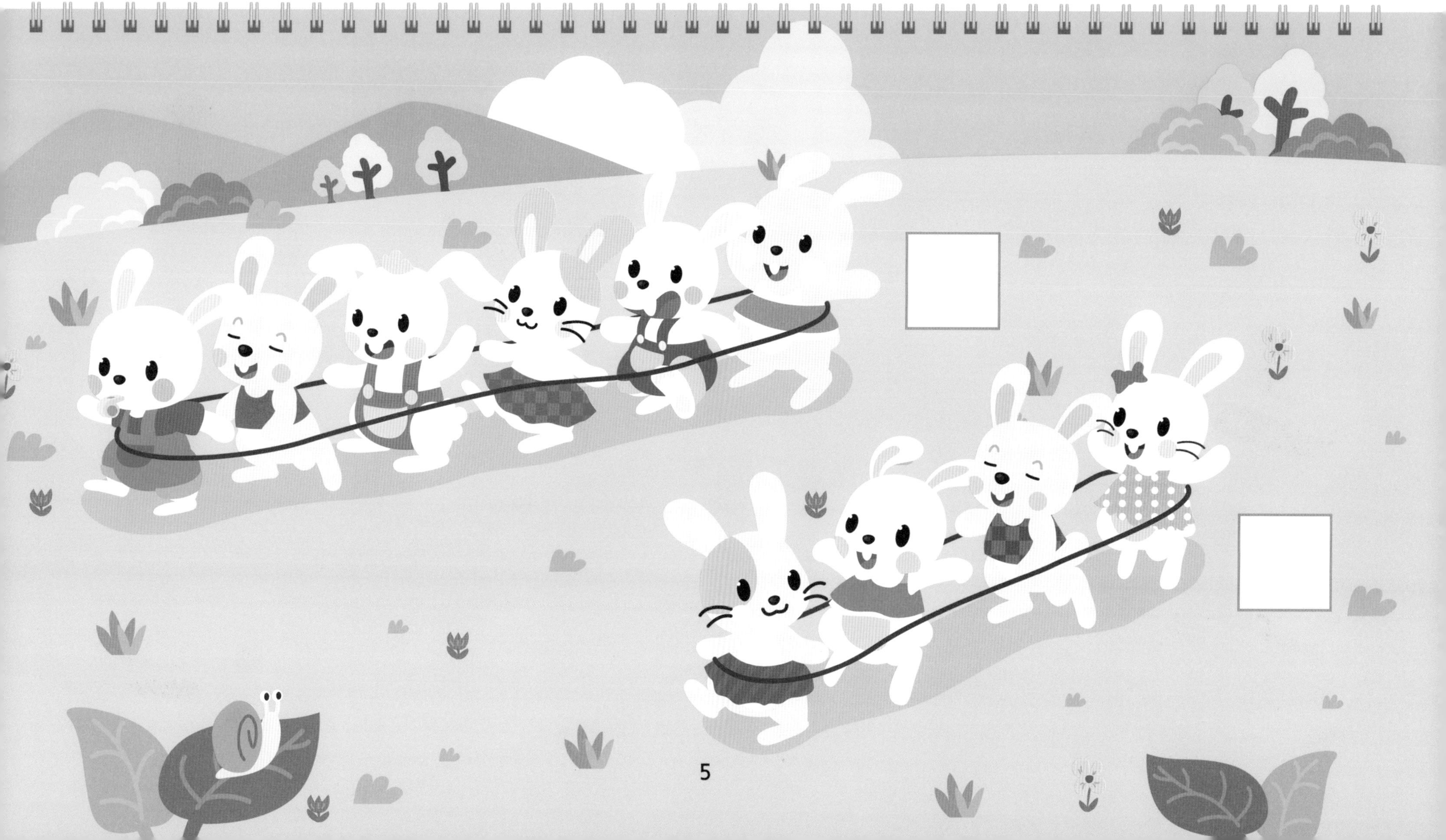

보트를 타고 놀아요

곡선 긋기

참 잘했어요!

* 강에서 보트를 타고 신나게 놀아요. 점선 따라 선을 이으세요.

어느 쪽이 더 무거울까요?

✽ 친구들이 들고 있는 책 중에서 더 무거운 쪽은 어느 쪽일까요? 무거운 쪽에 ○ 하세요.

모양이 생겼어요

✳ 바다에 돌을 던졌어요. 어떤 모양이 생겼을까요? 점선 따라 선을 이으세요.

어디로 다닐까요?

✻ 여러 가지 탈것 중에서 다니는 길이 다른 것은 어느 것일까요? 다른 것에 ○ 하세요.

트럭

자전거

배

버스

자동차

분류

참 이상해요!

참 잘했어요!

✽ 물고기가 바닷속에서 즐겁게 놀아요. 바닷속에 살지 않는 것은 무엇인지 찾아보세요.

다른 점이 있어요

✳ 동물 친구들이 낙하산을 타고 내려오고 있어요. 다른 하나를 찾아보세요.

옷 색깔이 달라요

❋ 다른 색 옷을 입고 있는 곰은 누구일까요? ○ 하세요.

나는 누구일까요?

✱ 그림자의 주인을 찾아보고 그림 스티커를 그림자에 붙이세요.

누구일까요?

* 동물 친구들이 숨바꼭질을 해요. 숨어 있는 모습은 누구일까요? 선으로 이으세요.

누가 더 많은가요?

참 잘했어요!

✻ 너구리와 생쥐 중 누가 털실공을 더 많이 가지고 있을까요? 더 많은 쪽에 ○ 하세요.

바닷속에 왔어요

✻ 예쁜 물고기들이 많이 있어요. 물고기 그림 스티커를 붙여 꾸며 보세요.

기차는 길어요

✻ 동물 친구들이 신나는 여행을 떠나요. 짧은 기차에 스티커를 붙이세요.

더 큰 동물은 누굴까요?

✻ 하마와 강아지 중에서 누가 더 클까요? 더 큰 동물을 말하세요.

‘동글동글’ 동그라미

✻ 동그라미 모양은 무엇을 닮았나요? 선을 따라 그리세요.

멀리멀리 날아라

참 잘했어요!

✱ 알록달록 비눗방울이 하늘 높이 날아가요. 점선을 따라 ○를 그리세요.

'뾰족뾰족' 세모 세상

✳ 토끼가 세모 자동차를 운전하고 있어요. 뾰족한 △모양을 따라 그리세요.

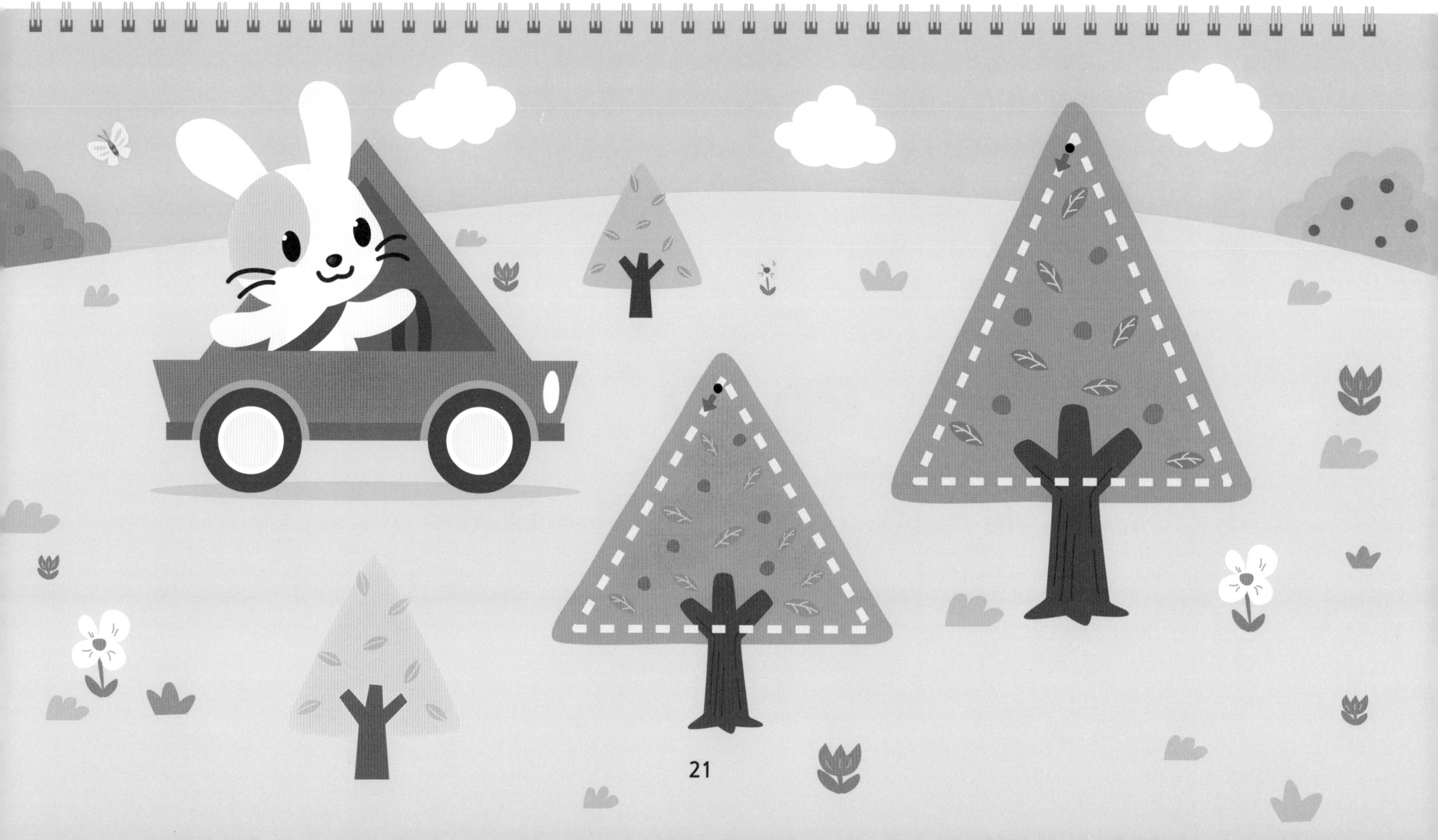

‘반듯반듯’ 네모 모양

✻ 곰돌이가 네모 자동차를 운전하고 있어요. □모양을 따라 그리세요.

귀여운 무당벌레

✻ 무당벌레의 등에 있는 ○, △, □를 색연필로 따라 그리세요.

과자 먹기를 해요

✽ 동물 친구들이 케익을 1개씩 먹을 수 있도록 색연필로 선을 이으세요.

숫자 '1'을 배워요

✻ 기린은 몇 마리일까요? 숫자 '1'을 찾아 쓰고 하나인 것을 찾아보세요.

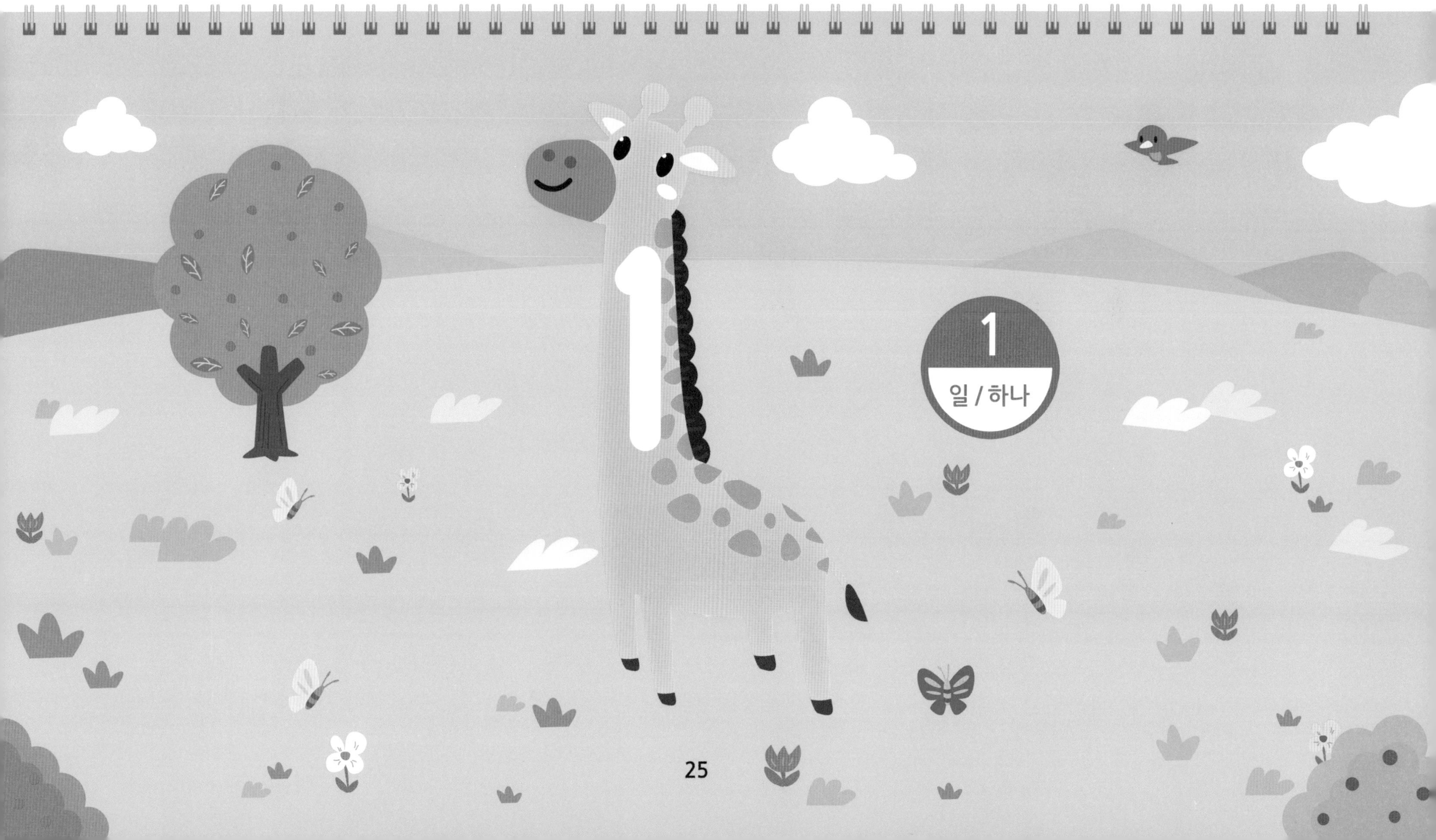

숫자 '1'을 세어 봐요

✻ 동물의 수를 세어 개수만큼 스티커를 붙이세요.

✻ 숫자모양을 따라 선을 이으세요.

수 2익히기

숫자 '2'를 배워요

참 잘했어요!

✻ 호수에 있는 요트는 몇 척일까요? 숫자 '2'를 찾아 쓰고, 둘인 것을 찾아보세요.

숫자 '2'를 세어 봐요

✻ 우주선에 타고 있는 동물은 몇 마리일까요?
그 수만큼 스티커를 붙이세요.

✻ 숫자모양을 따라 선을 이으세요.

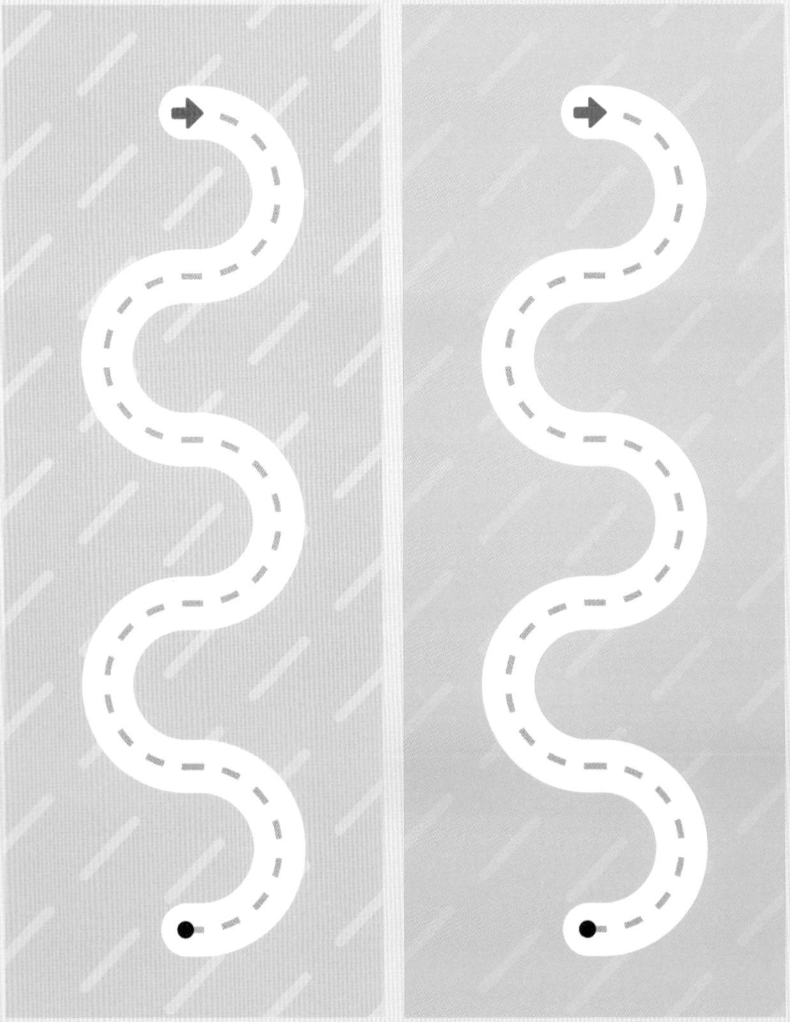

수 3익히기

숫자 '3'을 배워요

참 잘했어요!

* 하늘에서 날고있는 낙하산은 몇 개일까요? 숫자 '3'을 찾아 쓰고, 셋인 것을 찾아보세요.

숫자 '3'을 세어 봐요

❋ 갈매기는 모두 몇 마리일까요?
그 수만큼 스티커를 붙이세요.

❋ 숫자모양을 따라 선을 이으세요.

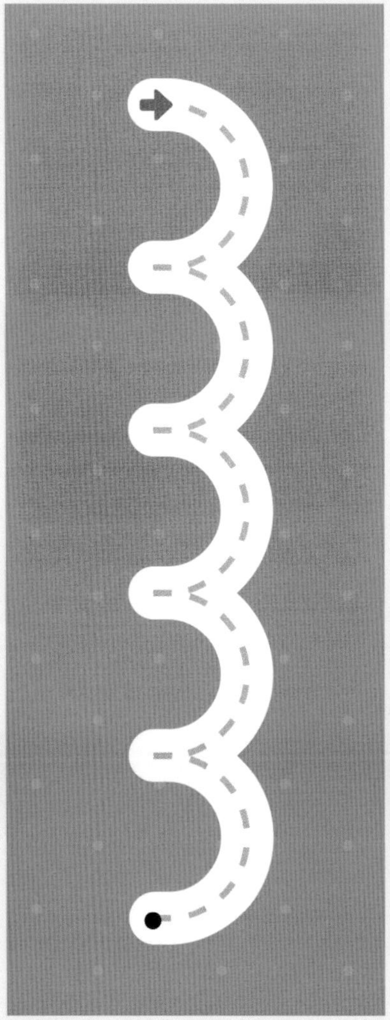

몇 마리일까요?

* 같은 동물의 수 만큼 개수에 맞는 숫자 스티커를 붙이세요.

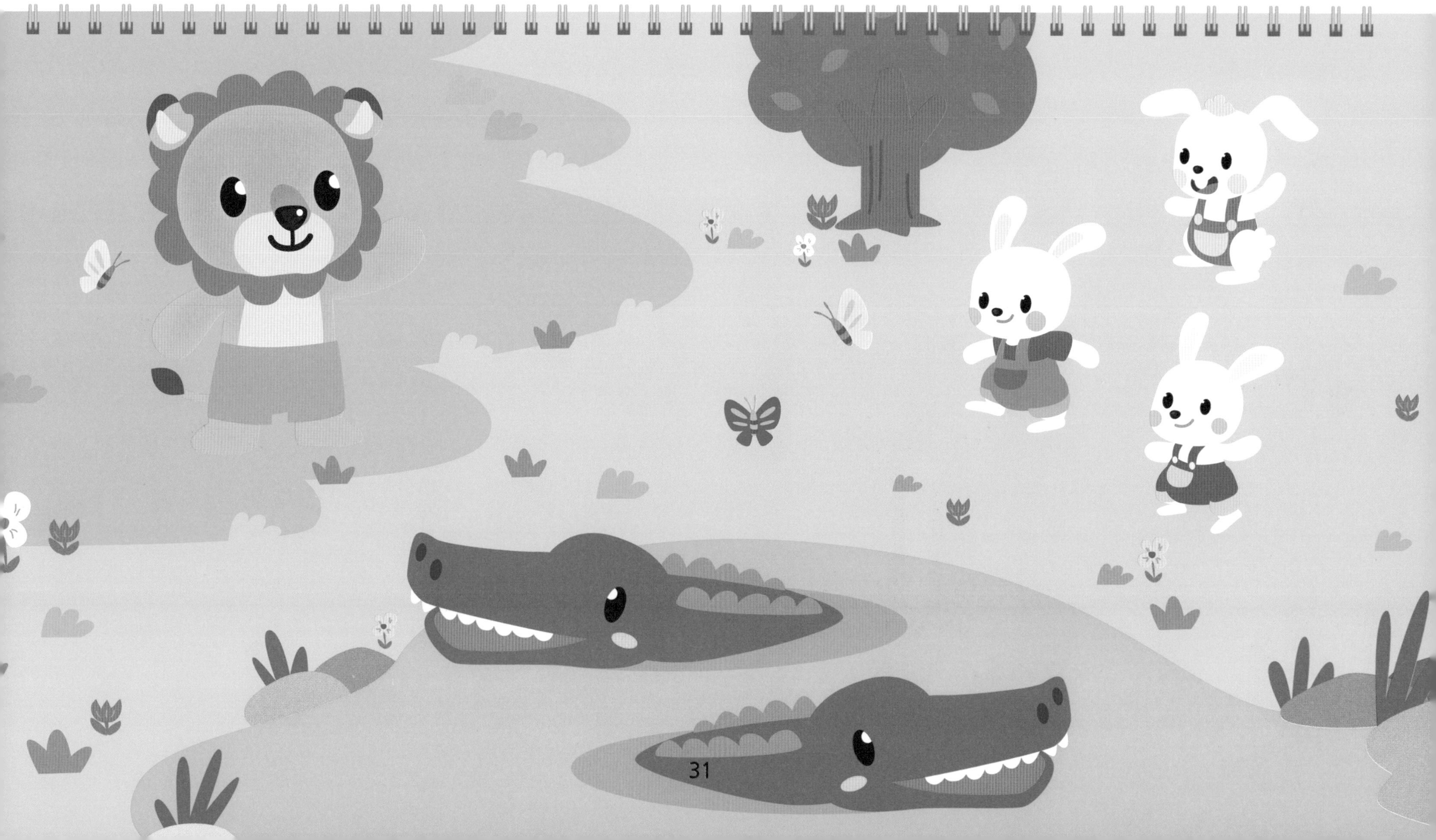

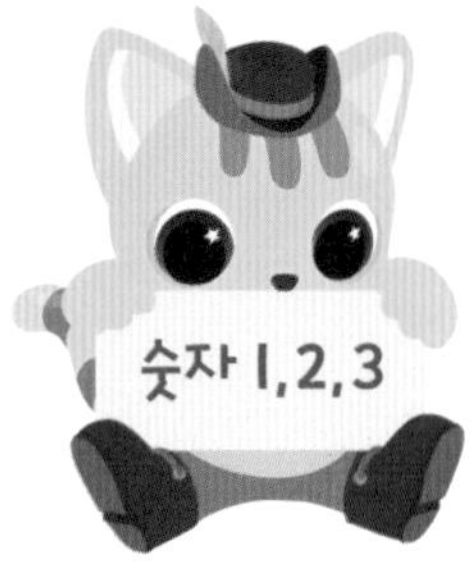

숫자 1, 2, 3을 배워요

❋ 숫자 1, 2, 3은 무엇을 닮았을까요?

❋ 수를 세어 그 수에 맞는 스티커를 붙이세요.

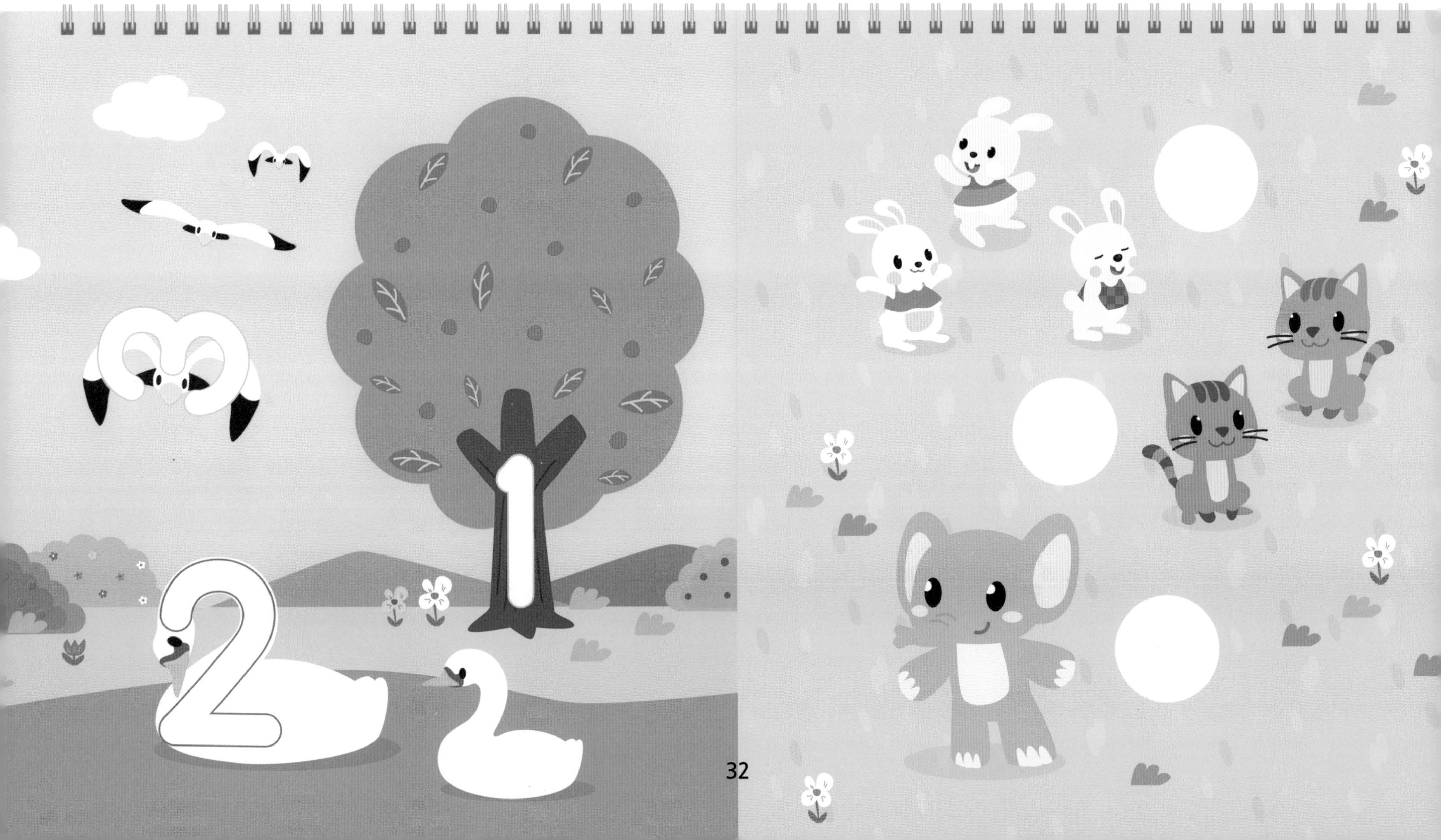

어떤 규칙이 있나요?

✱ 그림에 맞는 규칙은 무엇일까요? 규칙에 맞게 □에 들어갈 그림 스티커를 붙이세요.

규칙이 있어요

✻ 털실 공의 차례를 생각하며 ○에 알맞은 털실 공 스티커를 붙이세요.

몇 마리일까요?

✽ 물고기의 수는 몇 마리일까요? 그 수만큼 ○에 색칠하세요.

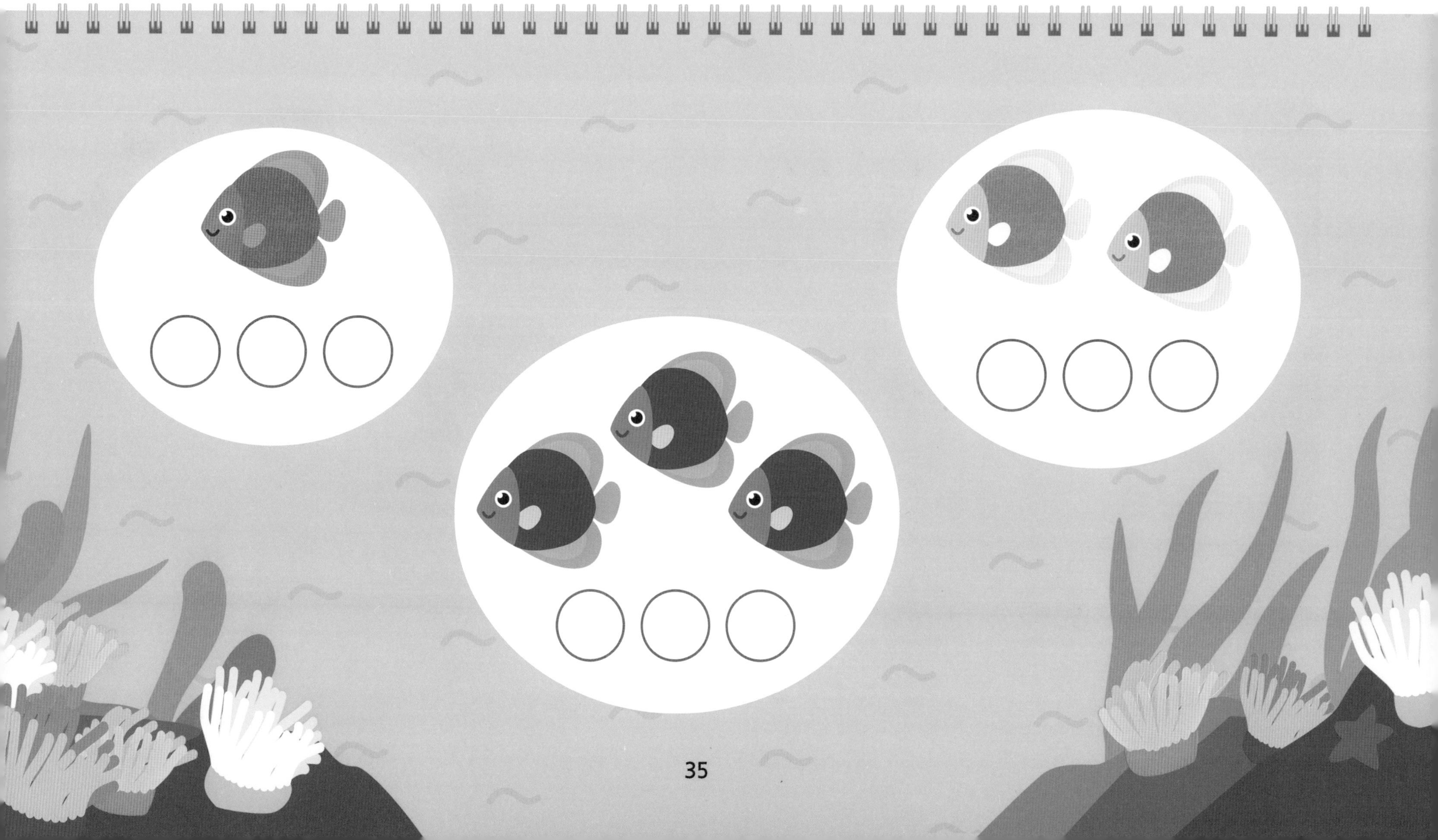

(1)하나, (2)둘, (3)셋 세어 봐요

❋ 숫자를 손가락으로 따라 쓰세요.
그 수만큼 그림에 ○ 하세요.

❋ 숫자만큼 접시에 과일 스티커를 붙이세요.

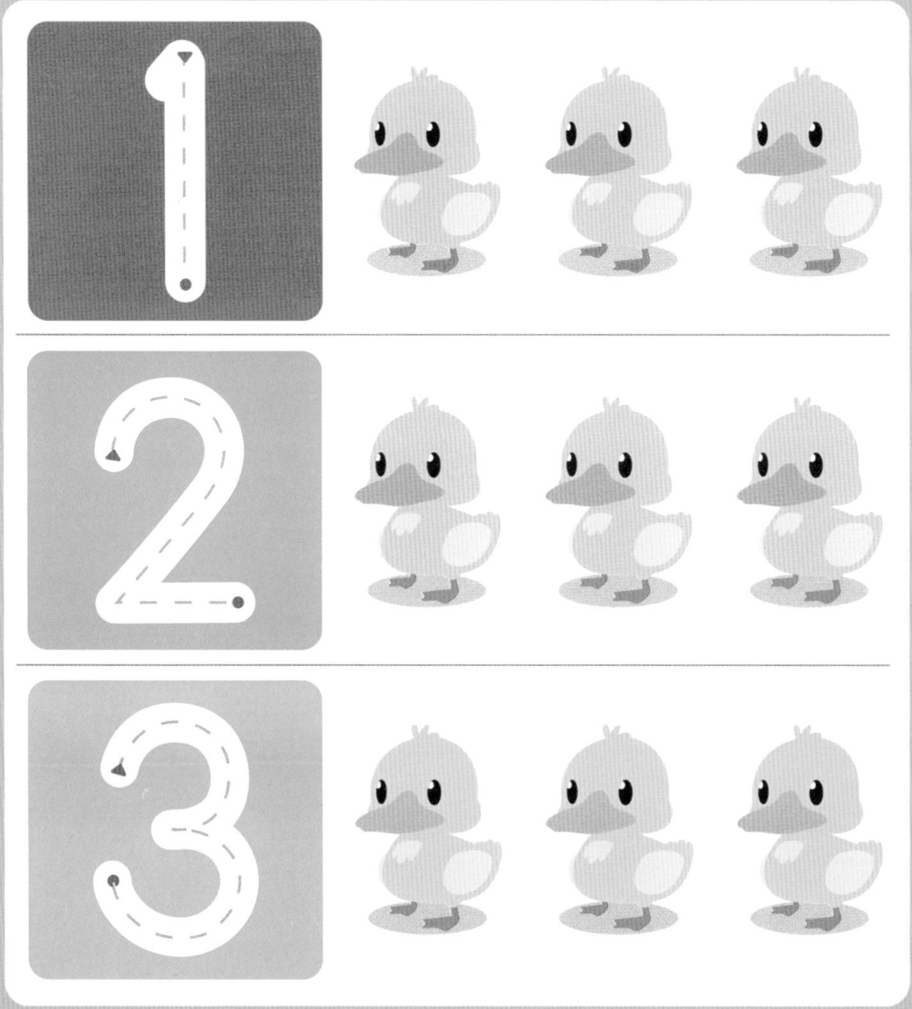

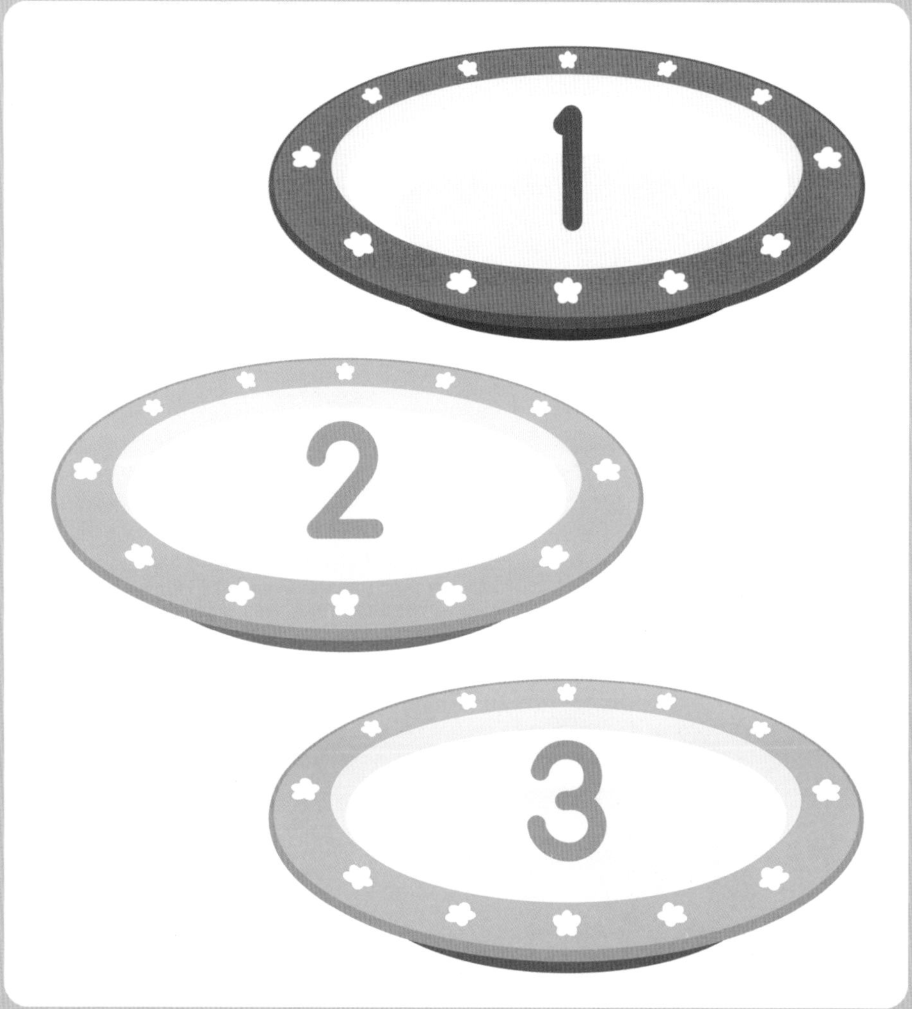

1, 2, 3을 알아요

✳ 동물 친구가 가지고 있는 풍선은 몇 개일까요? 숫자 스티커를 붙이세요.

길을 찾아 가세요

✻ 거북 등에 길이 있어요. 길을 찾아가세요.

가로선 긋기

✱ 왼쪽에서 오른쪽으로 선을 이으세요.

가로선 긋기

✽ 왼쪽에서 오른쪽으로 선을 이으세요.

세로선 긋기

✻ 위에서 아래로 선을 이으세요.

세로선 긋기

❋ 위에서 아래로 선을 이으세요.

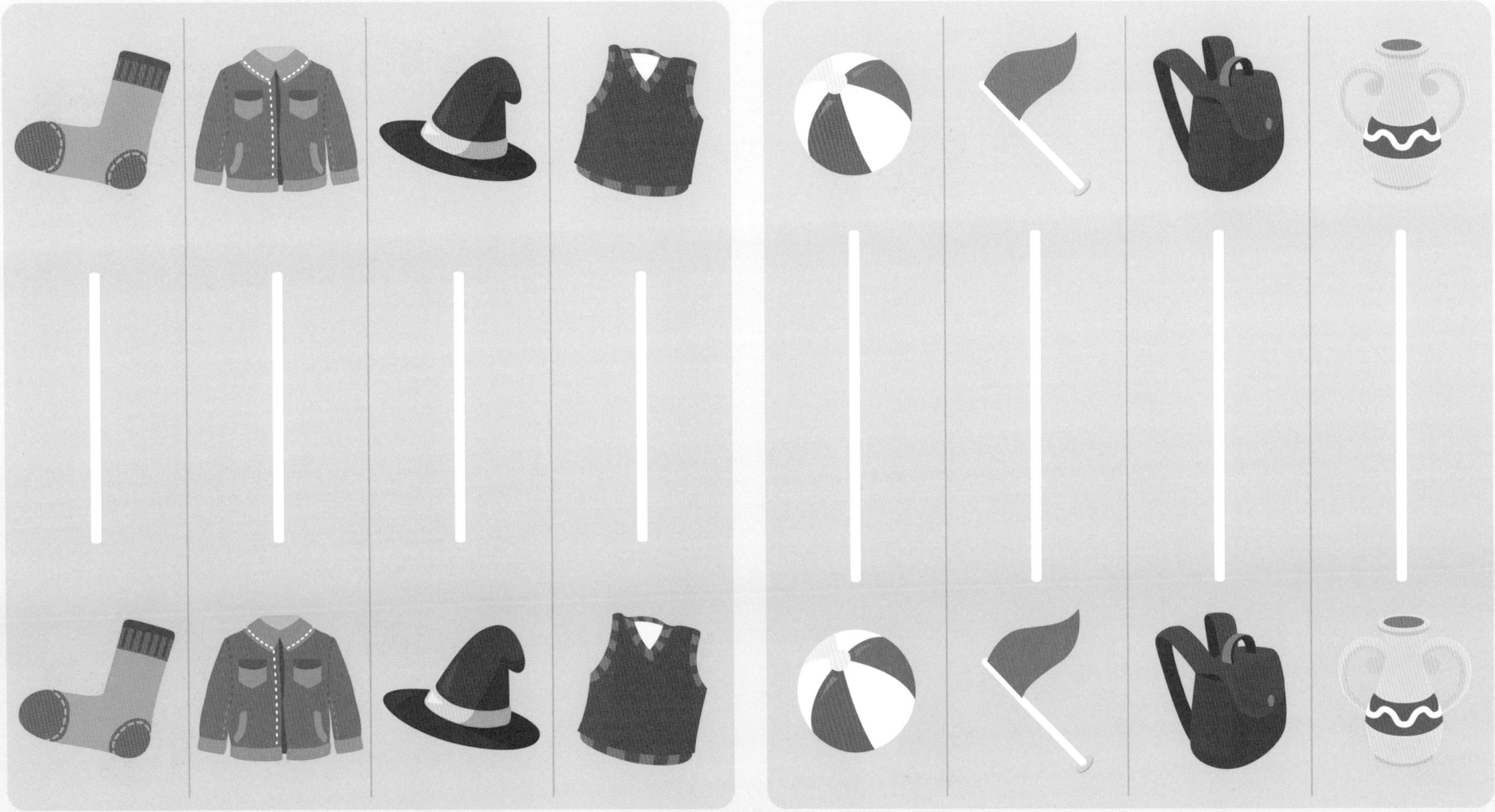

여러 가지 선 긋기

✳ 나비에서 나비로 선을 이으세요.

✳ 개미에서 개미로 선을 이으세요.

여러 가지 선 긋기

✽ 열기구에서 열기구로 선을 이으세요.

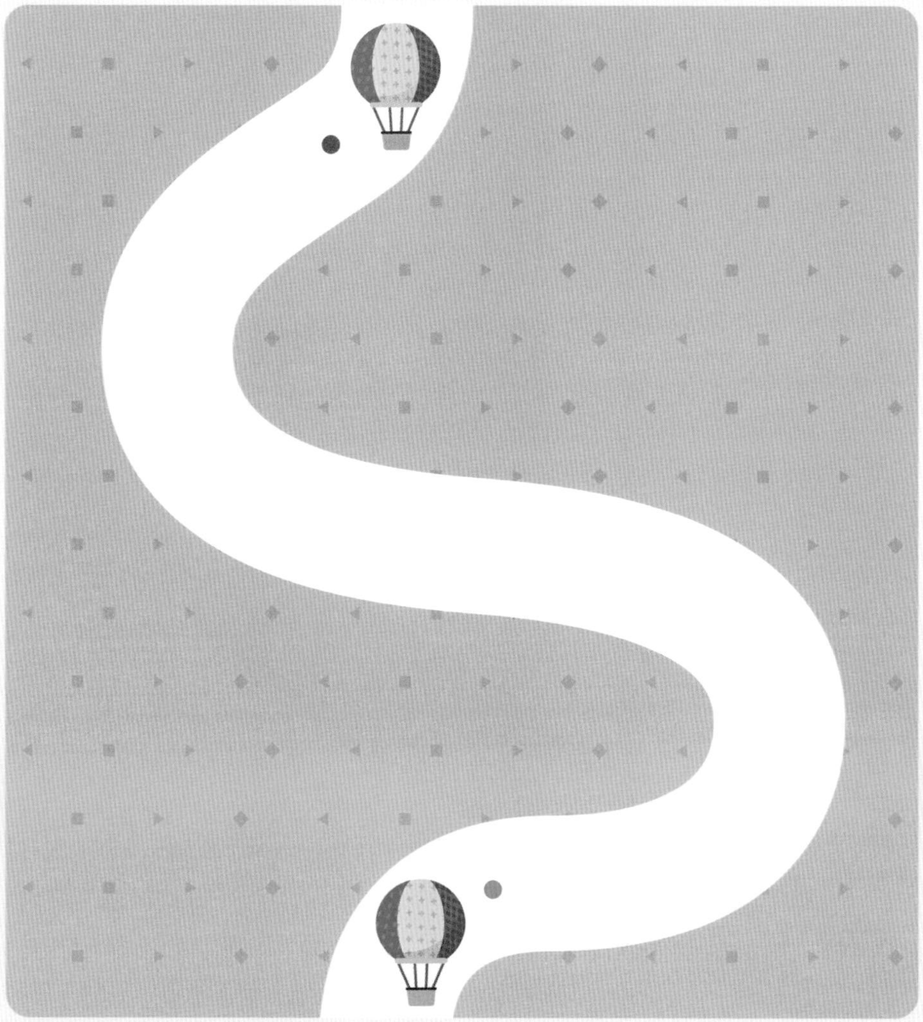

✽ 토끼에서 토끼로 선을 이으세요.

가로선 · 세로선 긋기

* 왼쪽에서 오른쪽으로 선을 이으세요.

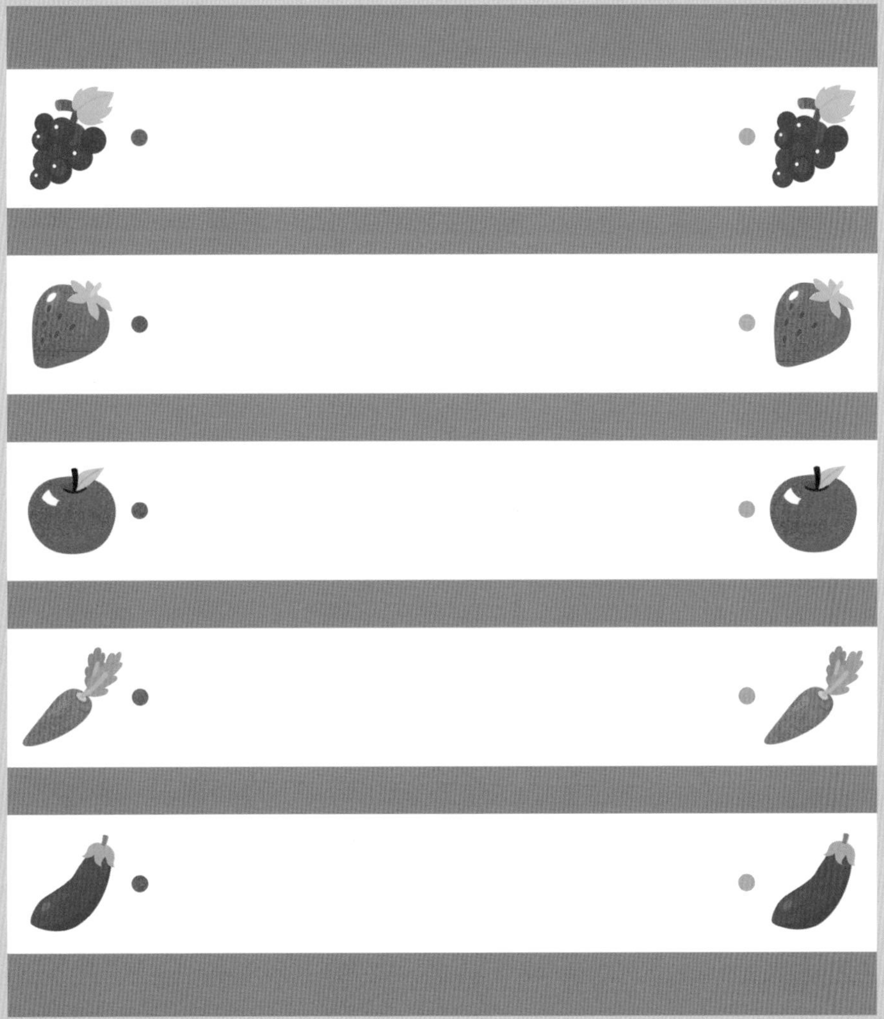

* 위에서 아래로 선을 이으세요.

엉금엉금 거북이 기어가요

✻ 엉금엉금 거북이 기어갑니다. 거북 등을 예쁘게 색칠하세요.

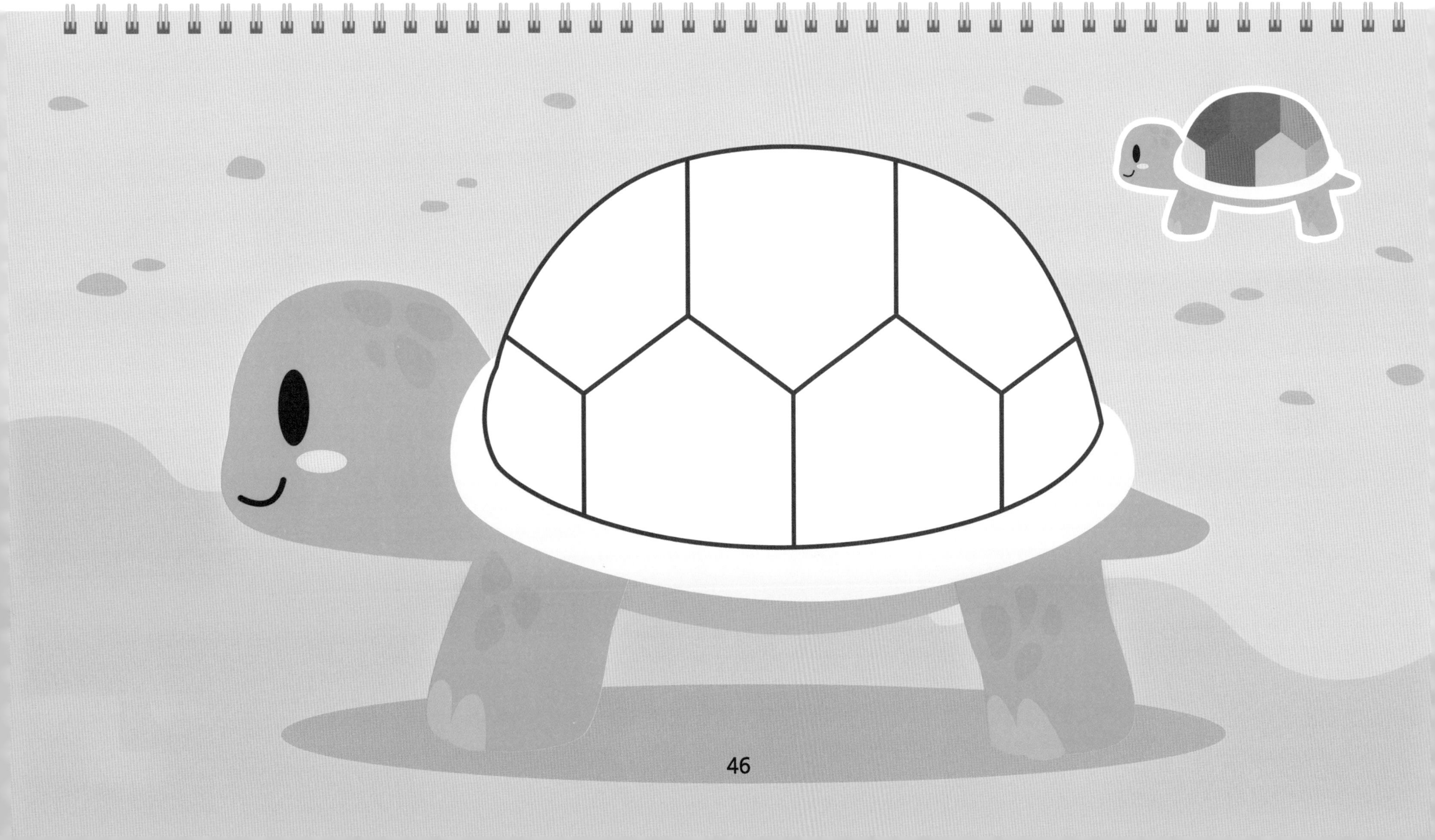

한 번에 그리기

❋ 한 번에 선을 이으세요.

❋ 당근을 찾아 한 번에 선을 이으세요.

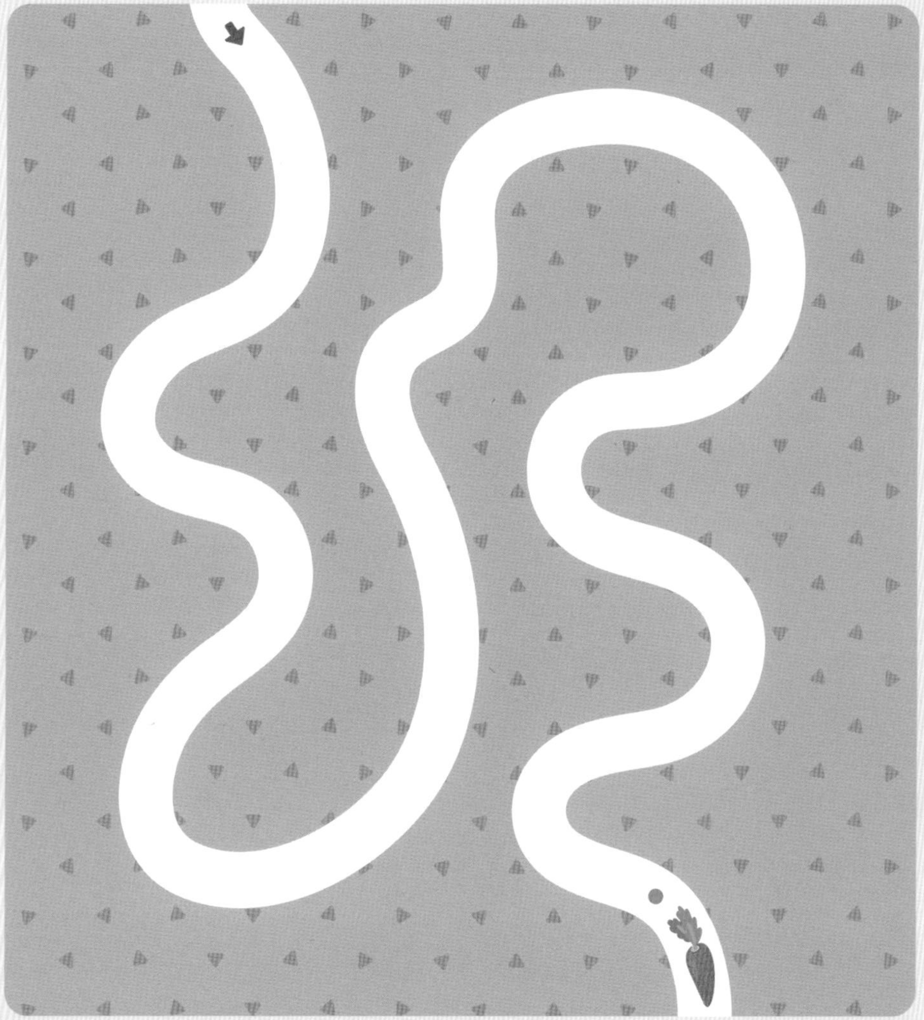

한 번에 그리기

✻ 같은 것끼리 선을 이으세요.

✻ 한 번에 선을 이으세요.

무엇이 다른가요?

✻ 왼쪽 그림을 잘 보고 오른쪽 그림에서 다른 한 곳을 찾아 ○ 하세요.

하늘을 날아요

✻ 파란 하늘을 새들이 신나게 날아가요. 날지 못하는 것을 찾아보고 스티커도 붙이세요.

썰매를 타요

✱ 하늘에서 펄펄 눈이 내려요. 동물들이 썰매타는 길을 이으세요.

곡선 긋기

✳ 동물 친구들이 온천에 왔어요. 점선 따라 천천히 선을 이으세요.

어느 것이 가장 많을까요?

✻ 털실이 가장 많이 있는 바구니에 ○하세요.

✻ 사과가 가장 많은 접시에 ○하세요.

기차놀이를 해요

✽ '칙칙폭폭' 기차가 달려갑니다. 어느 쪽 동물이 더 많을까요?

여러 가지 선 긋기

✱ 하마를 점선 따라 바르게 이으세요.

✱ 선을 바르게 이으세요.

무엇이 더 많을까요?

❋ 동물들이 주스를 먹으려 해요. 동물과 주스 중에서 어느 것이 더 많을까요?

참 맛있어요

✲ 맛있는 과일은 무슨 모양을 닮았나요. 점선 따라 바르게 이으세요.

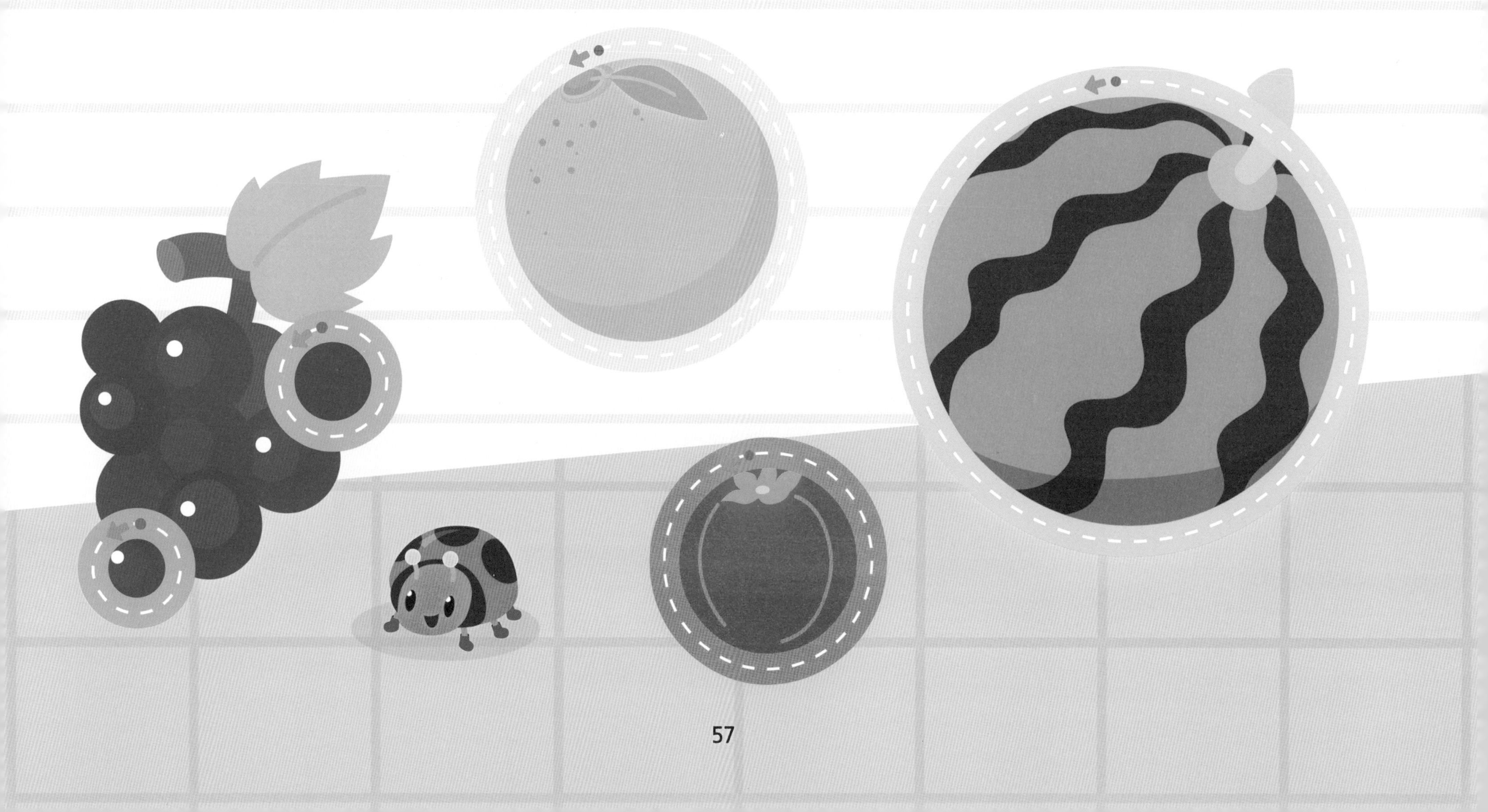

동그라미 모양을 그려요

* 사과를 점선 따라 바르게 이으세요.

* 선을 바르게 이으세요.

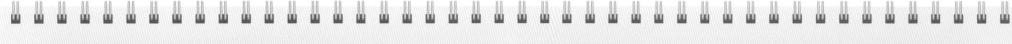

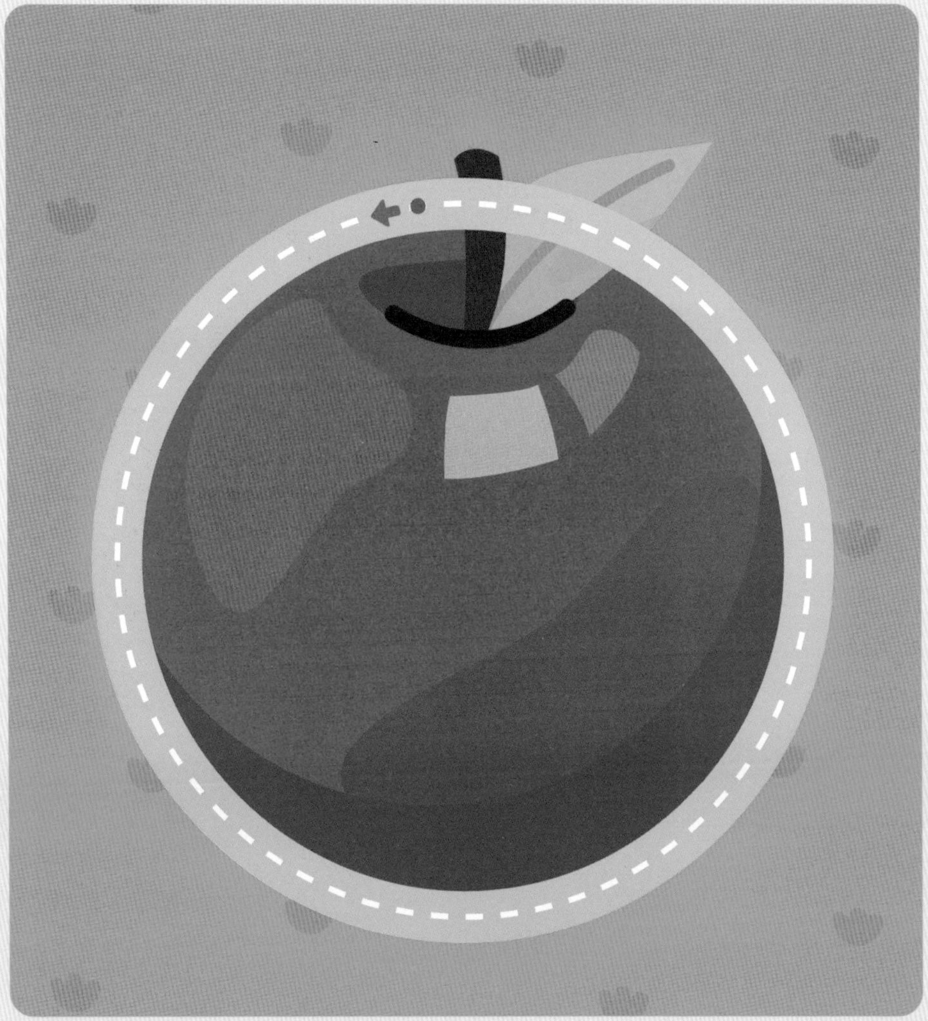

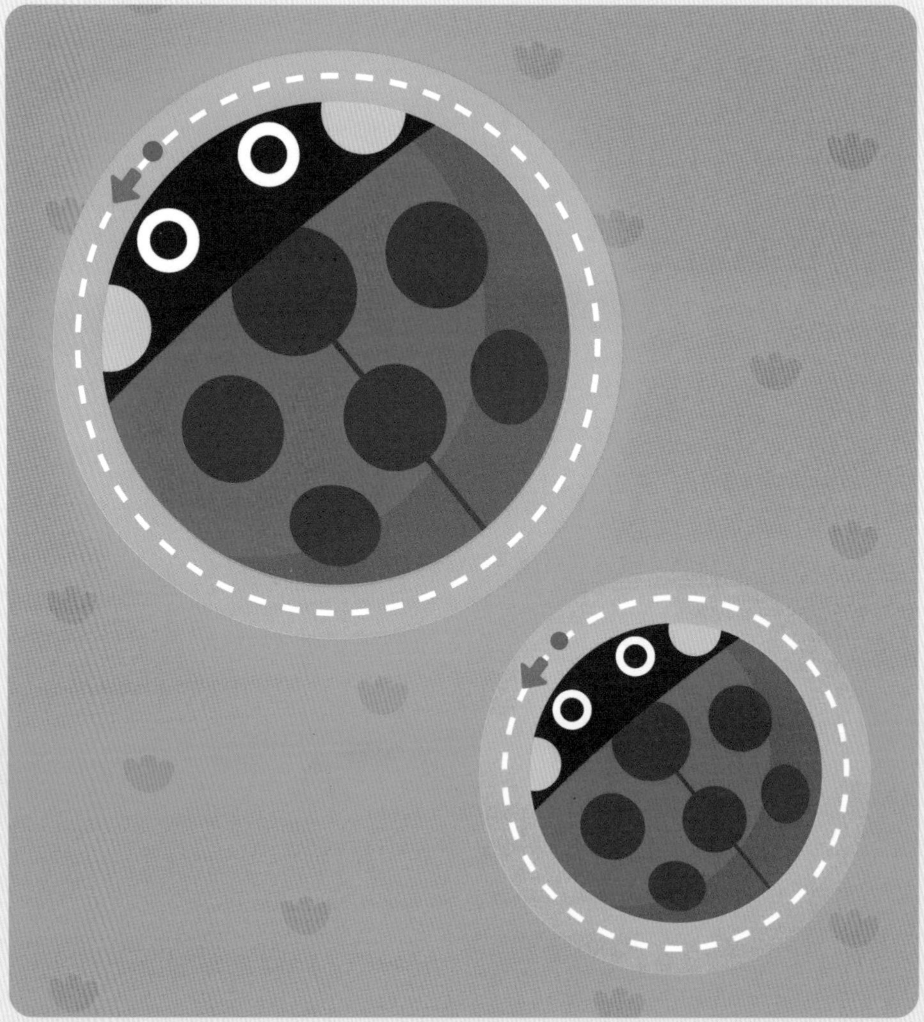

바닷속에 있어요

✻ 깊은 바닷속에는 예쁜 물고기들이 많이 있어요. 점선을 따라 세모 모양을 이으세요.

세모 모양을 그려요

✻ 도넛과 유부초밥을 점선 따라 이으세요.

✻ 치즈와 피자를 점선 따라 이으세요.

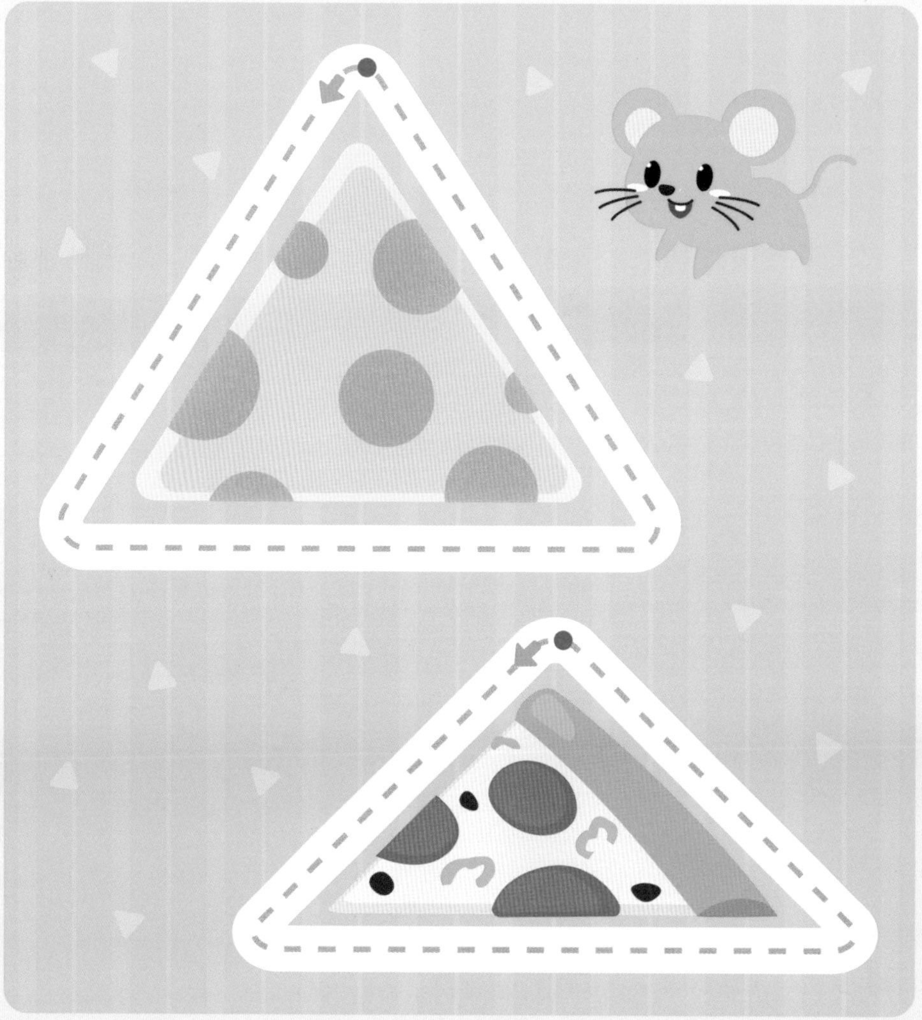

저녁이 되었어요

✻ 어두운 밤에 멀리 집들이 보여요. 네모 모양을 점선 따라 이으세요.

네모 모양을 그려요

✻ 생일선물을 받았어요. 점선 따라 이으세요.

✻ 네모 모양을 바르게 이으세요.

숫자 '1'을 배워요

✻ 산으로 올라가는 거북은 몇 마리입니까?
그 수만큼 스티커를 붙이세요.

✻ 숫자 '1'을 바르게 쓰세요.

	1	1
일 · 하나	일 · 하나	일 · 하나
1	1	1
1	1	1
1	1	1

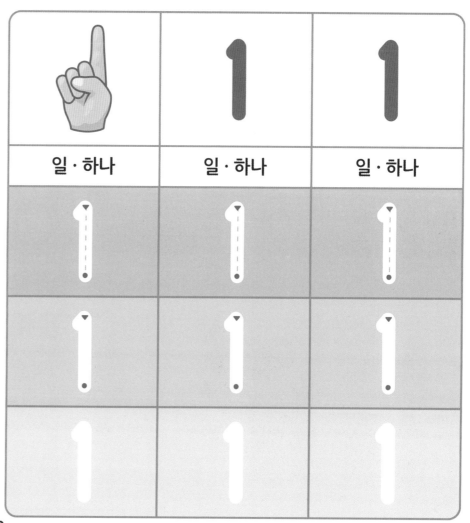

수를 세어 보아요

✻ 동물을 세어 그 수만큼 ○에 색칠하세요.

✻ 숫자 '1'을 바르게 쓰세요.

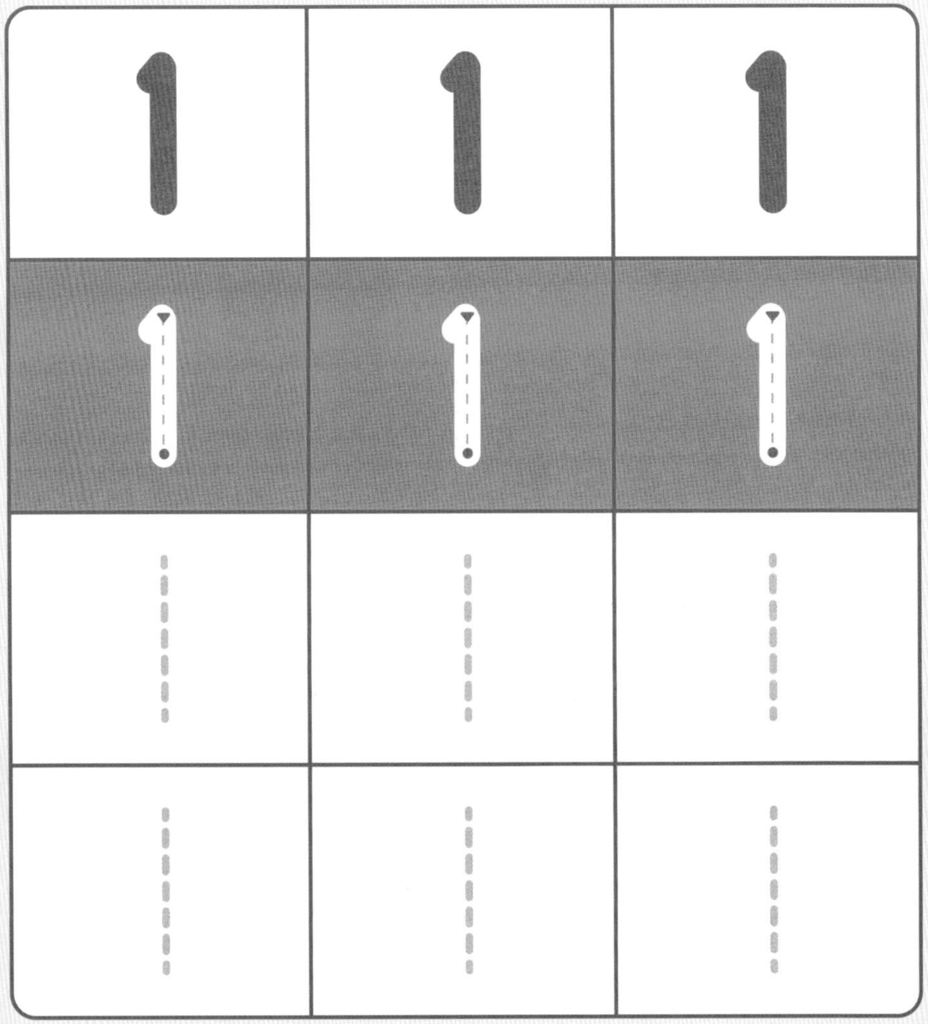

숫자 '2'를 배워요

❋ 연못에 오리는 몇 마리입니까?
그 수만큼 스티커를 붙이세요.

❋ 숫자 '2'를 바르게 쓰세요.

	2	2
이 · 둘	이 · 둘	이 · 둘
2	2	2
2	2	2

수를 세어 보아요

❋ 요트와 물고기의 수를 세어 ○에 색칠하세요.

❋ 숫자 '2'를 바르게 쓰세요.

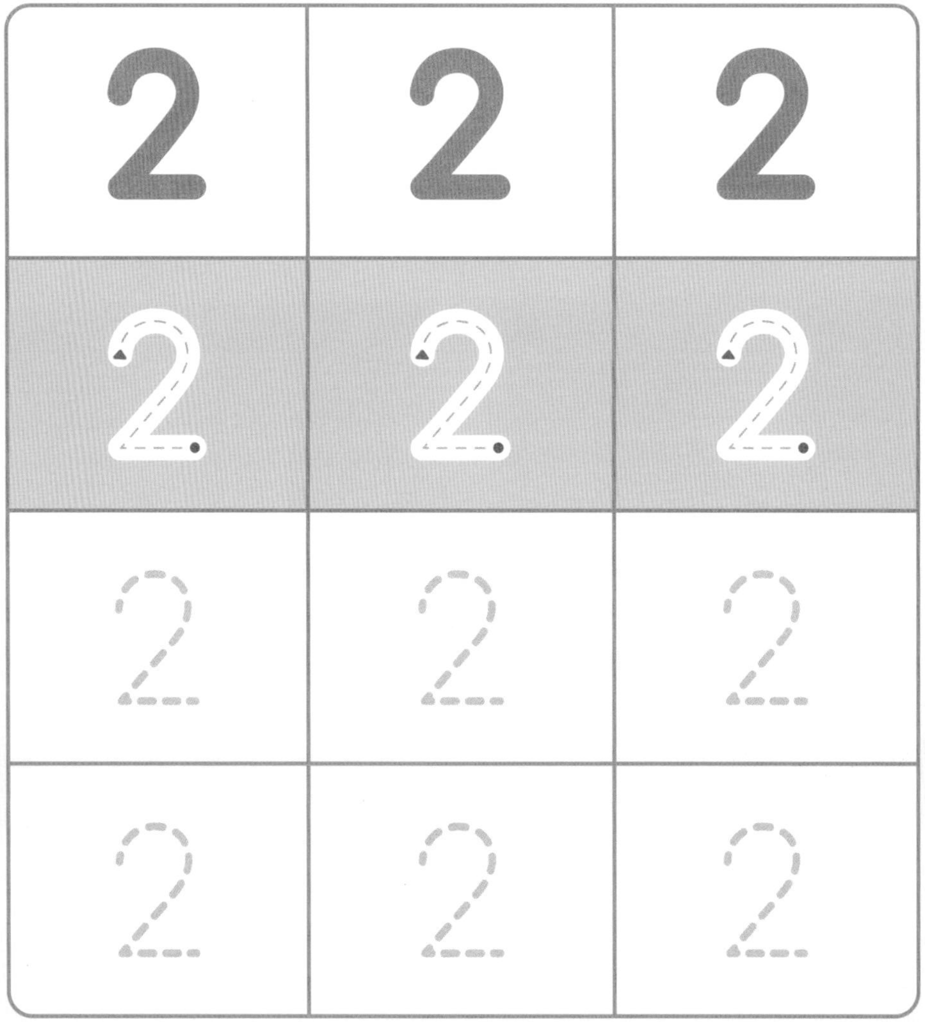

숫자 '3'을 배워요

✻ 갈매기는 몇 마리일까요?
그 수만큼 스티커를 붙이세요.

✻ 숫자 '3'을 바르게 쓰세요.

	3	3
삼 · 셋	삼 · 셋	삼 · 셋
3	3	3
3	3	3
3	3	3

수를 세어 보아요

❋ 오리와 친구들의 수를 세어 ○에 색칠하세요.

❋ 숫자 '3'을 바르게 쓰세요.

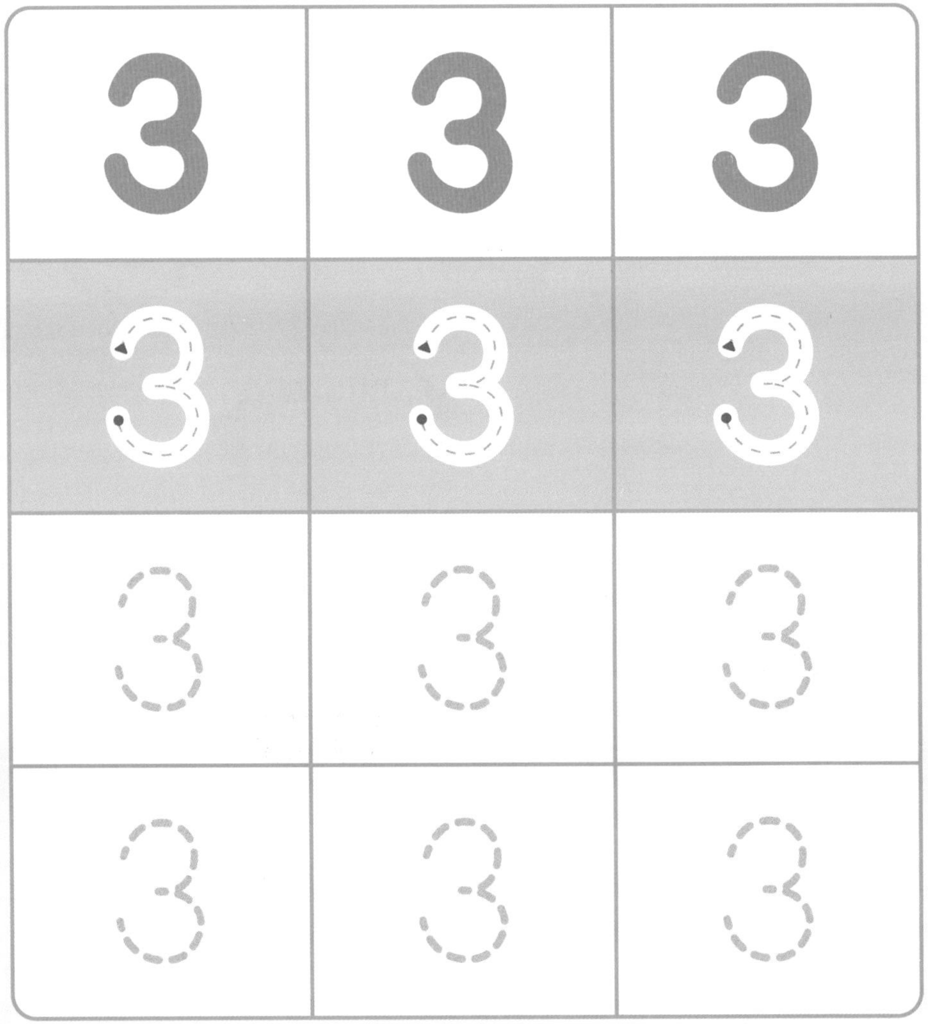

숫자 '4'를 배워요

❋ 난쟁이는 몇 명일까요?
그 수만큼 스티커를 붙이세요.

❋ 숫자 '4'를 바르게 쓰세요.

	4	4
사 · 넷	사 · 넷	사 · 넷
4	4	4
4	4	4
4	4	4

수를 세어 보아요

✻ 새 친구들의 수를 세어 ○에 색칠하세요.

✻ 숫자 '4'를 바르게 쓰세요.

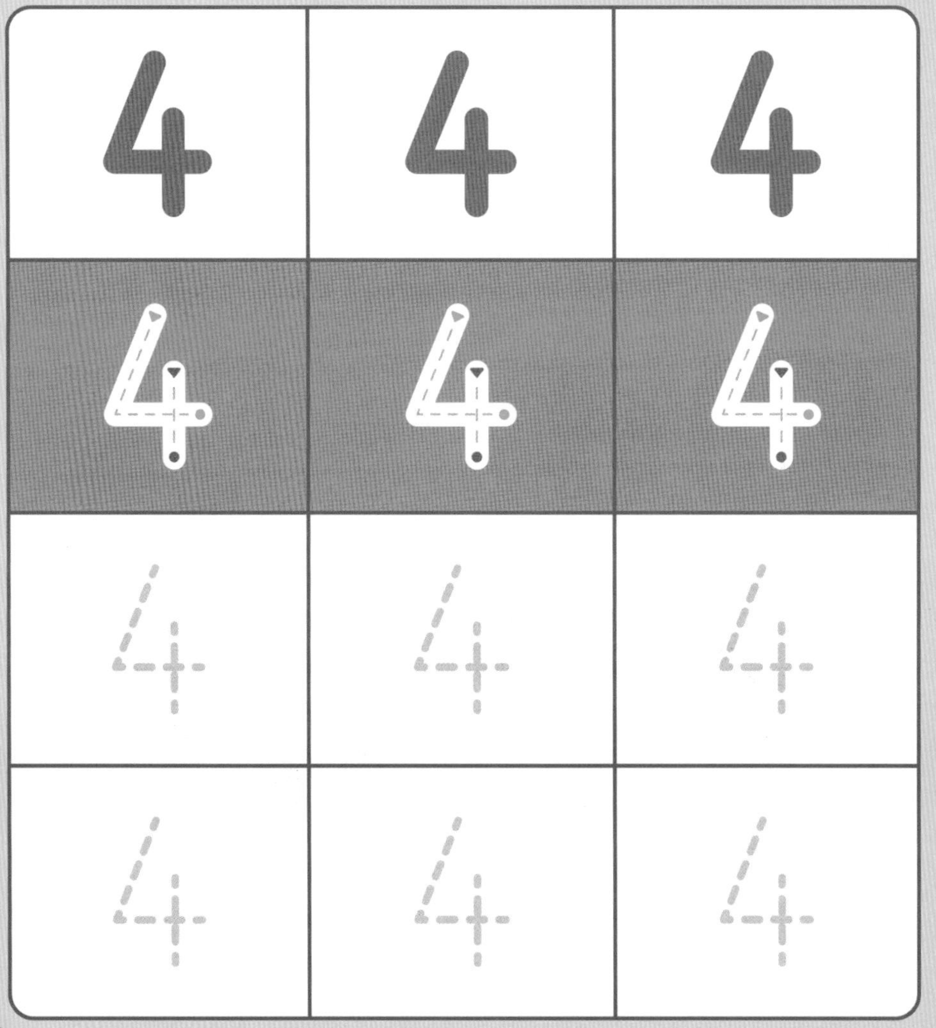

숫자 ‘5’를 배워요

❋ 물고기는 몇 마리일까요?
그 수만큼 스티커를 붙이세요.

❋ 숫자 ‘5’를 바르게 쓰세요.

	5	5
오 · 다섯	오 · 다섯	오 · 다섯
5	5	5
5	5	5

수를 세어 보아요

❋ 곤충의 수를 세어 그 수만큼 ○에 색칠하세요.

❋ 숫자 '5'를 바르게 쓰세요.

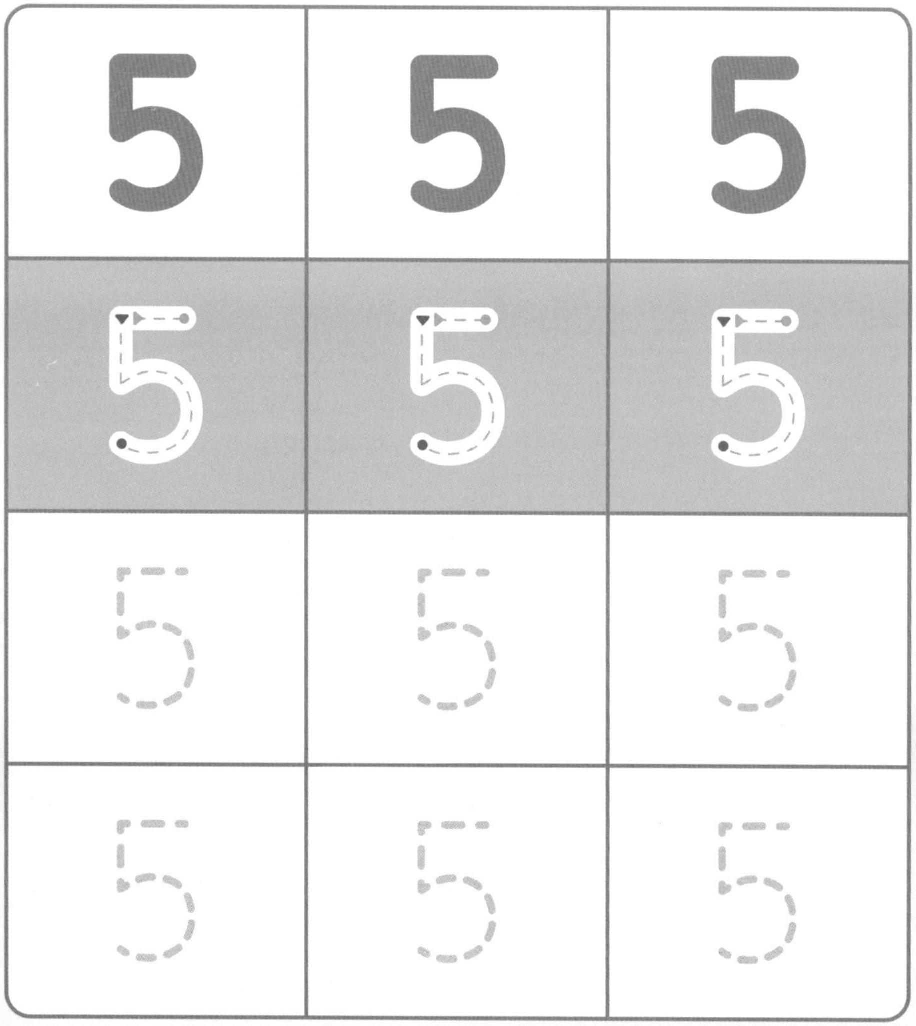

1, 2, 3, 4, 5 선 잇기

✲ 바다에 떠 있는 요트에 번호 순서대로 선을 이으세요.

1~5까지 개수 세기

✻ 동물의 수를 세어 그 수만큼 ○에 스티커를 붙이세요.

짝짓기

하나씩 짝을 지어요

* 동물과 케이크를 하나씩 짝지어 부족한 것은 무엇인지 찾아보세요. 꽃 스티커를 붙여보세요.

참 잘했어요!

모자는 몇 개일까요?

✻ 동물 친구들이 쓴 모자 수를 세어 그 숫자에 ○ 하세요.

1 2 3 4 5

1 2 3 4 5

1 2 3 4 5

입학 전
수학떼기 3·4세

1P

2P

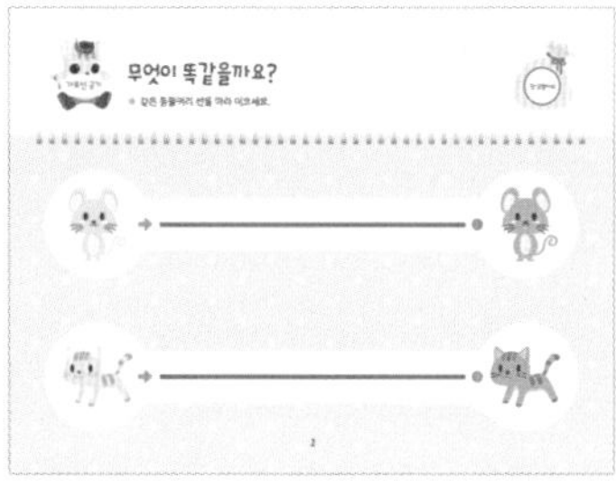

3P

4P

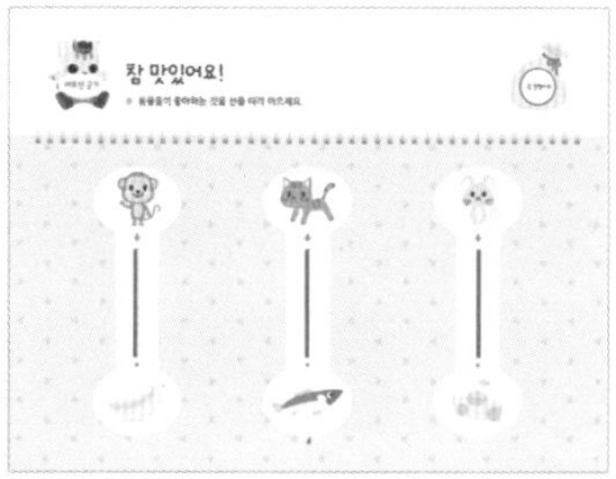

5P

6P

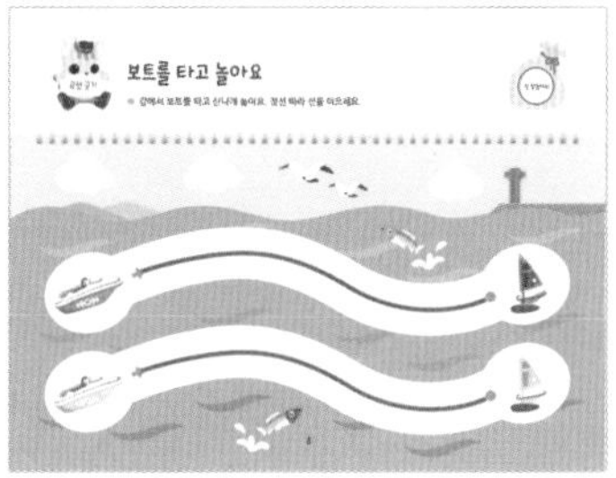

7P

8P

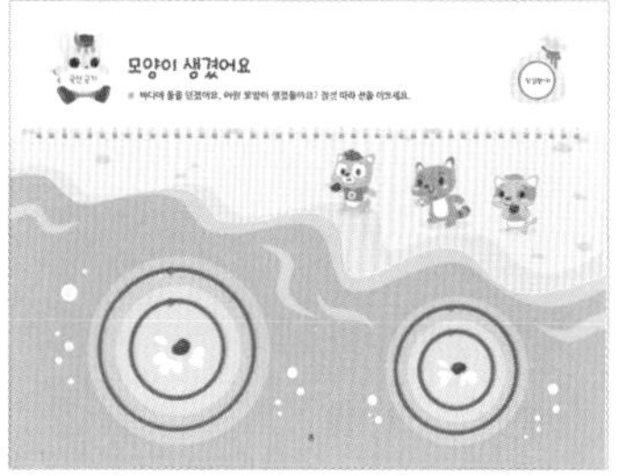

9P

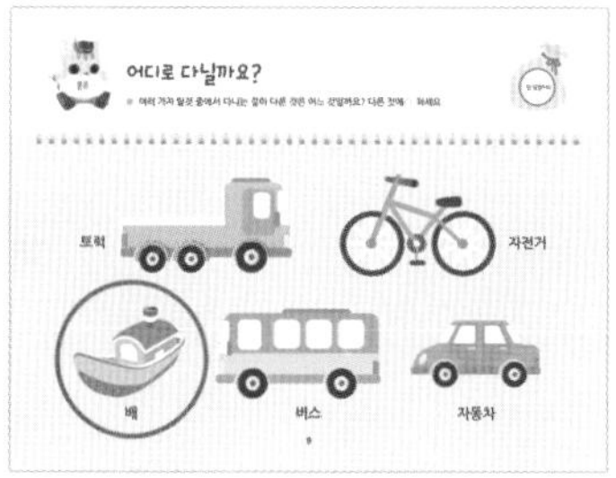

10P

11P

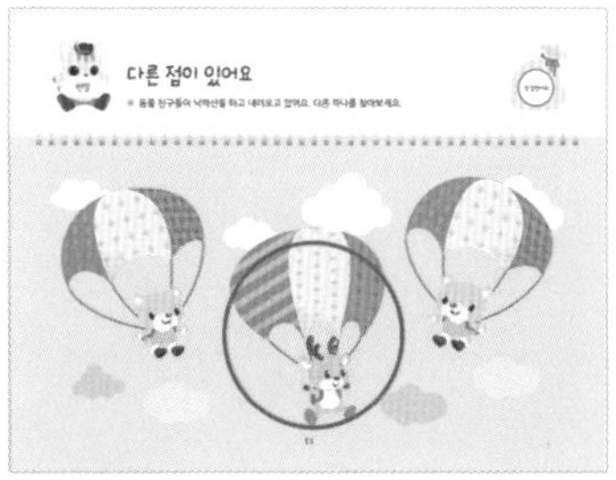

12P

13P

14P

15P

16P

17P

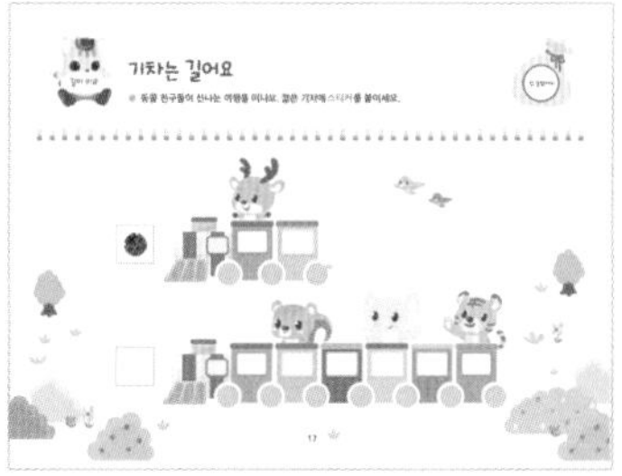

18P

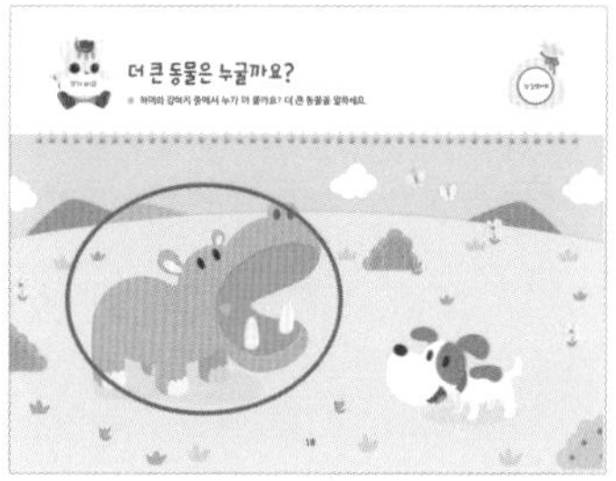

19P

20P

입학 전 수학떼기 3·4세

21P

22P

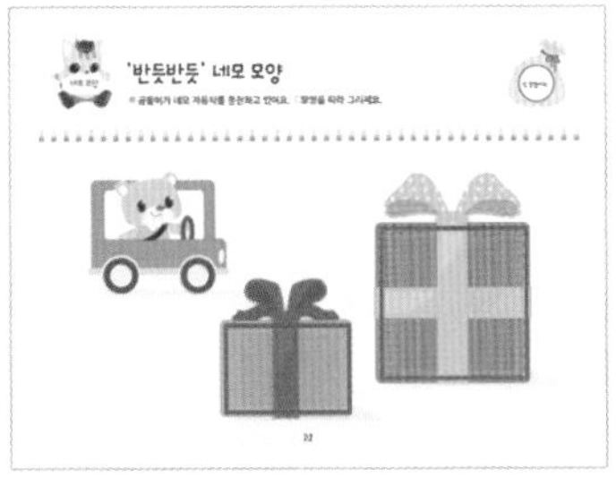

23P

24P

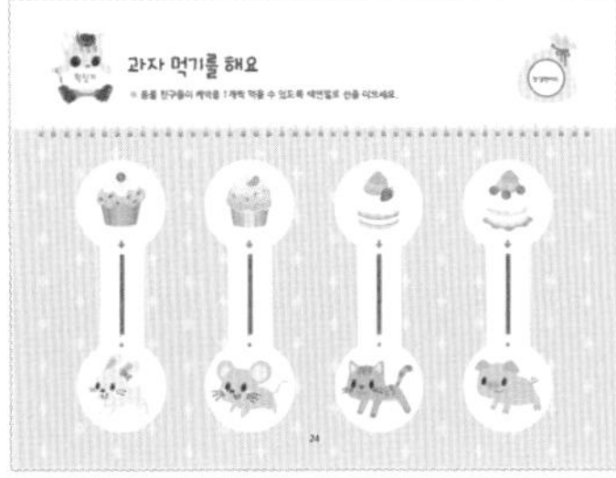

25P

26P

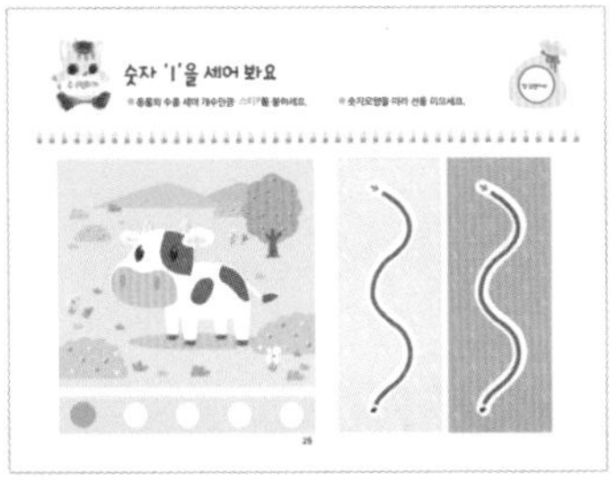

27P

28P

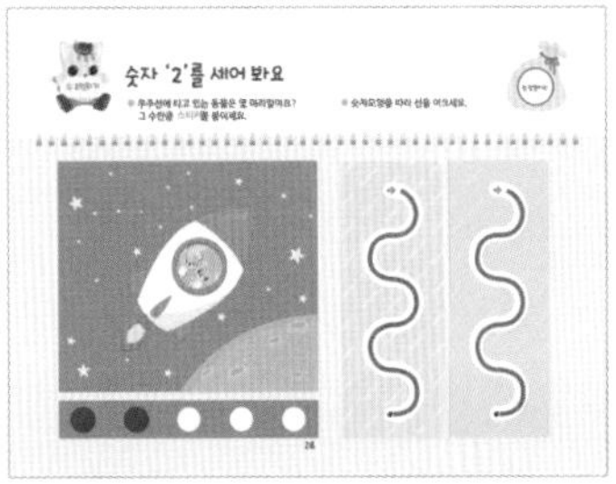

29P

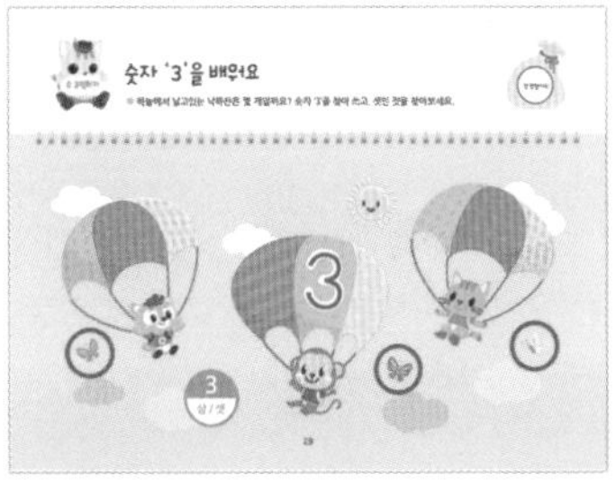

30P

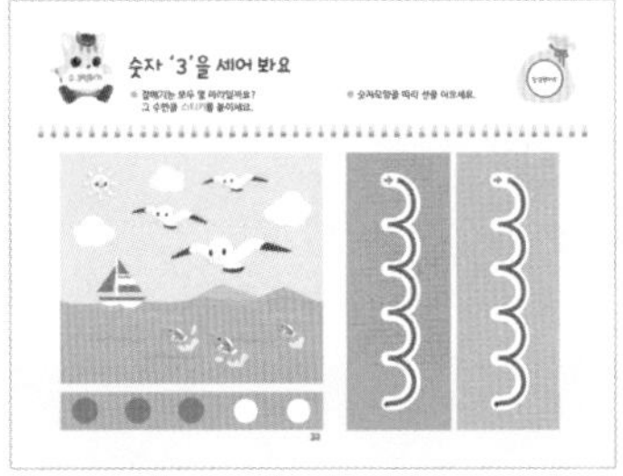

31P

32P

33P

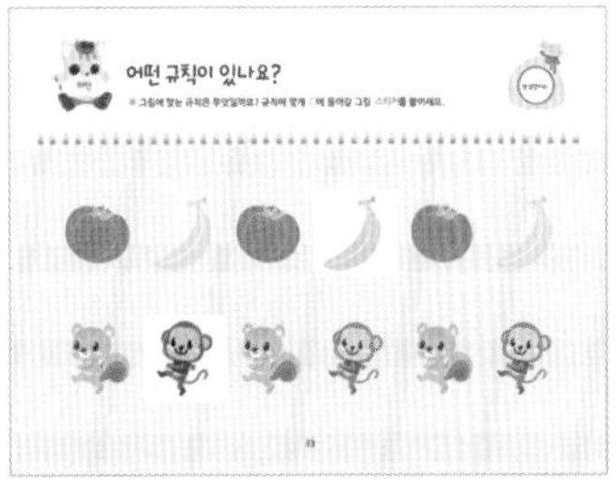

34P

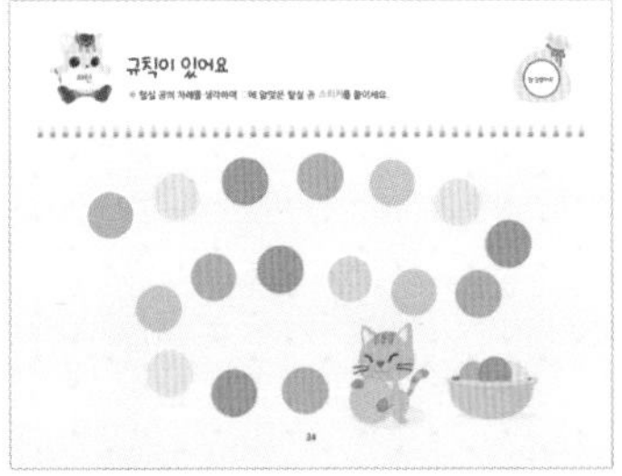

35P

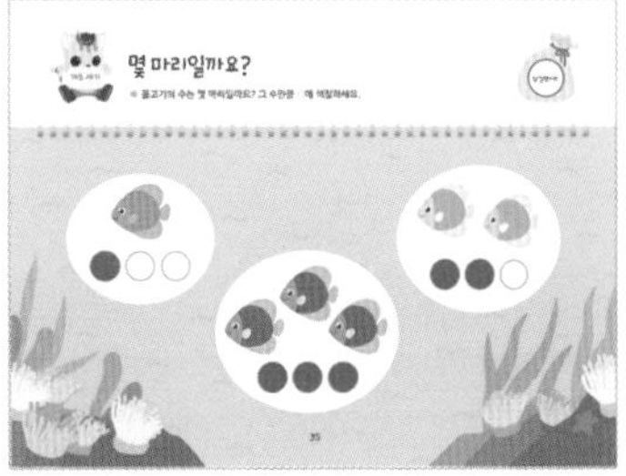

36P

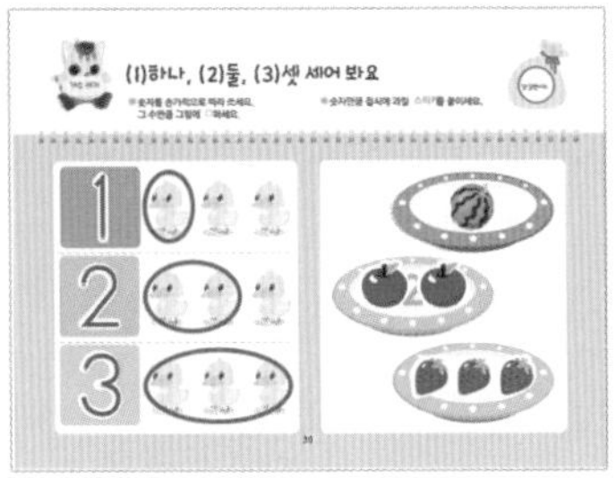

37P

38P

39P

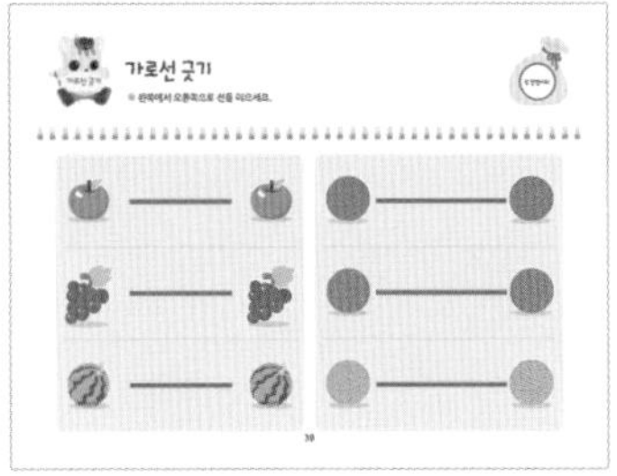

40P

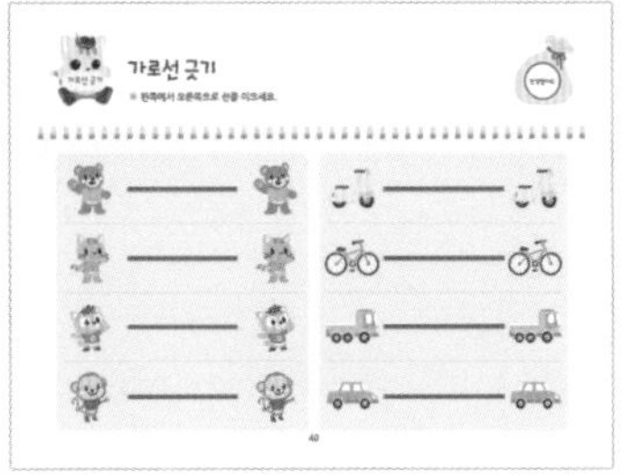

입학 전

수학떼기 3·4세

✻ 41P

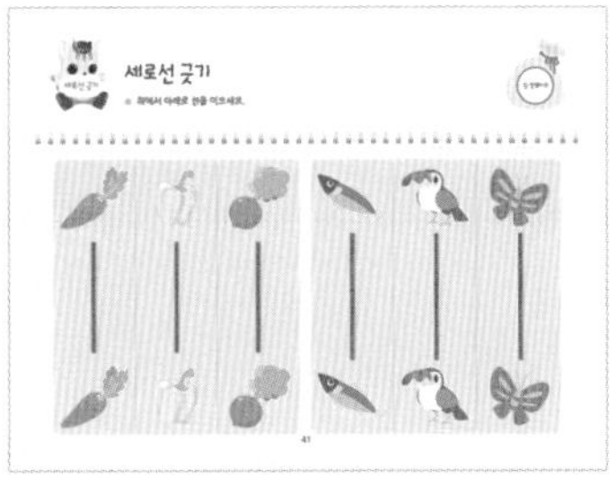

✻ 42P

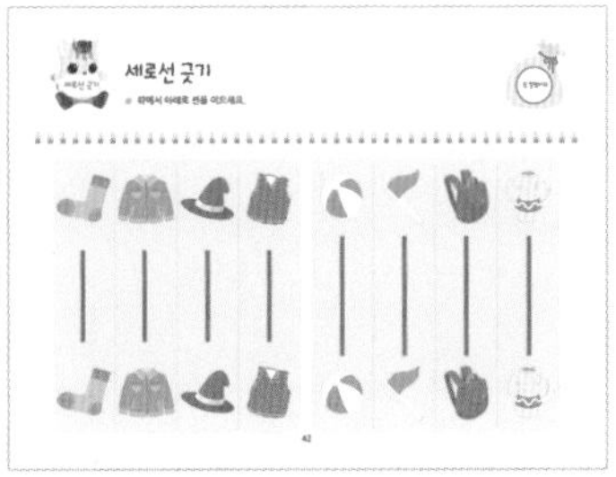

✻ 43P

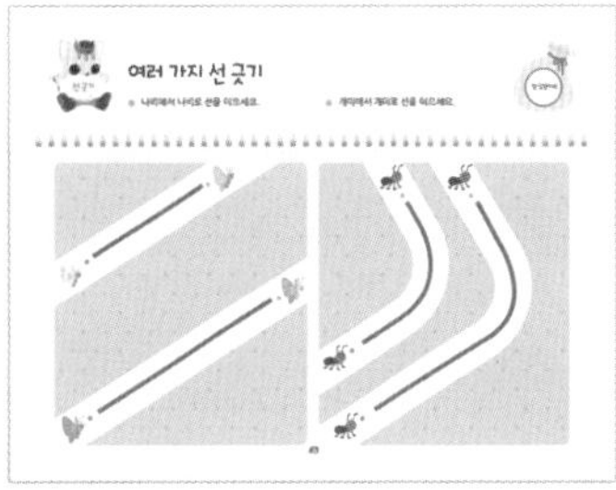

✻ 44P

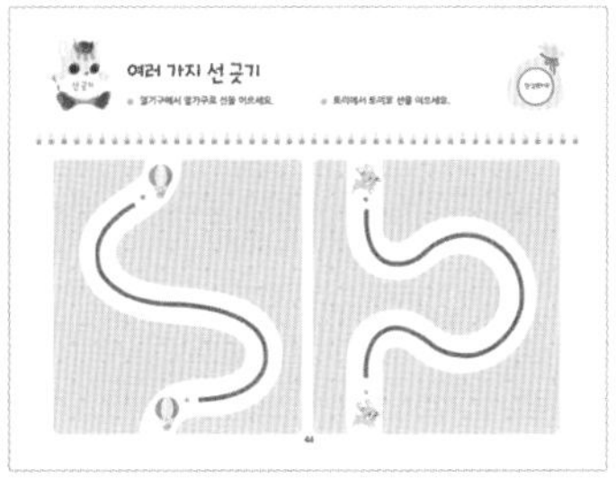

✻ 45P

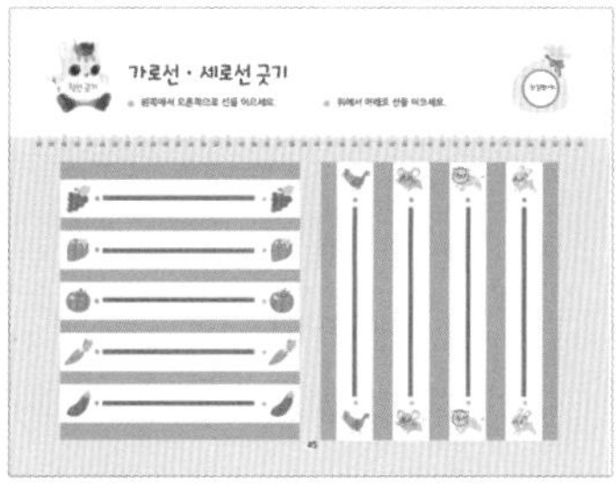

✻ 46P

✻ 47P

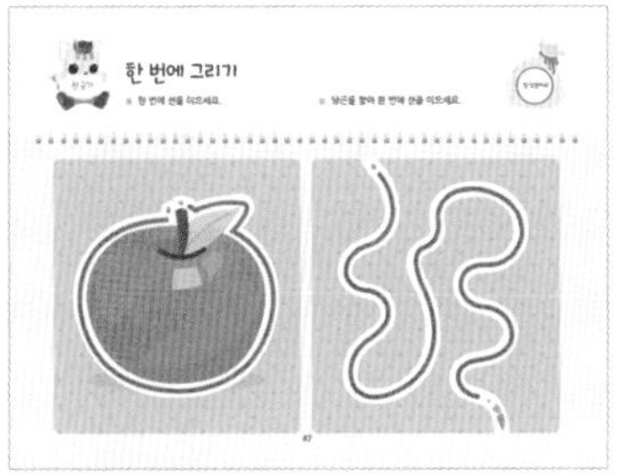

✻ 48P

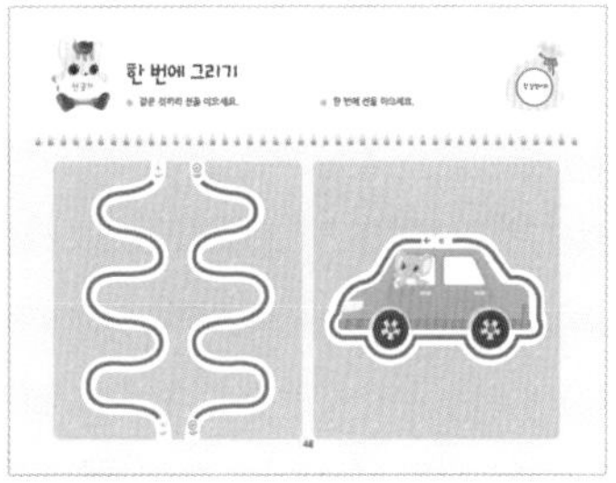

✻ 49P

✻ 50P

✻ 51P

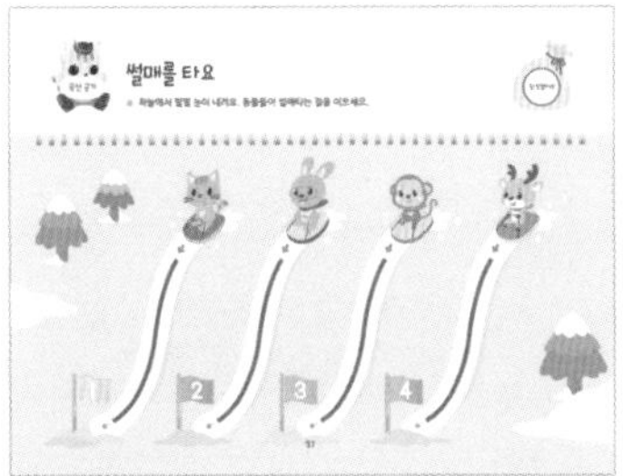

✻ 52P

✻ 53P

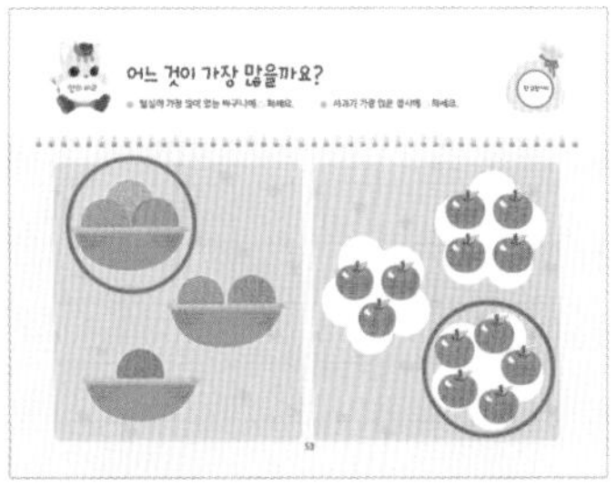

✻ 54P

✻ 55P

✻ 56P

✻ 57P

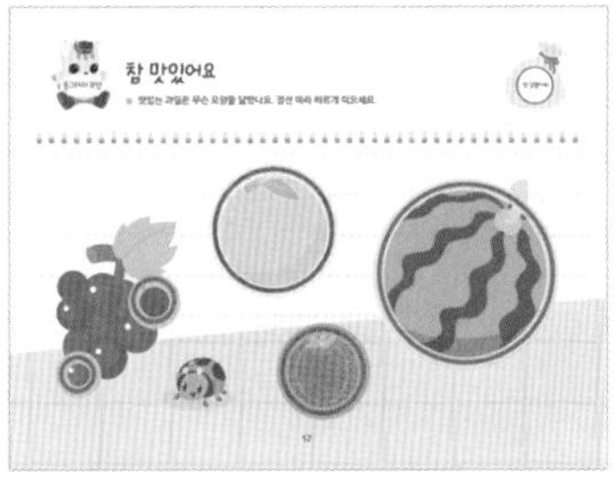

✻ 58P

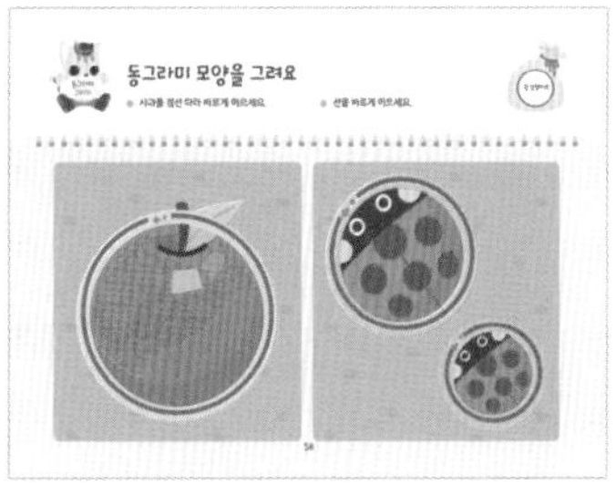

✻ 59P

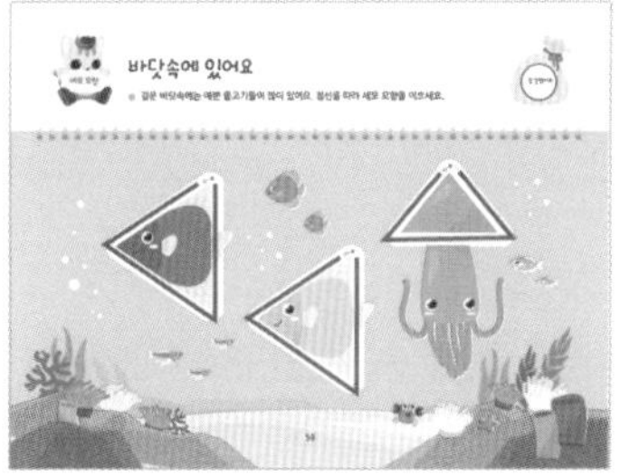

✻ 60P

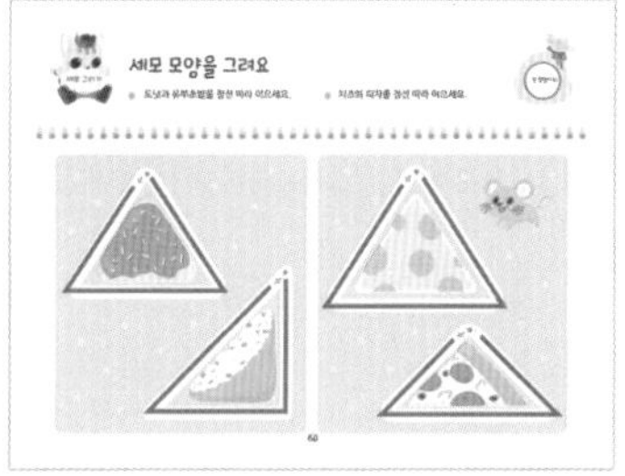

입학 전 수학떼기 3·4세

※ 61P

저녁이 되었어요

※ 62P

네모 모양을 그려요

※ 63P

숫자 '1'을 배웠어요

※ 64P

수를 세어 보아요

※ 65P

숫자 '2'를 배웠어요

※ 66P

수를 세어 보아요

※ 67P

숫자 '3'을 배웠어요

※ 68P

수를 세어 보아요

※ 69P

숫자 '4'를 배웠어요

※ 70P

수를 세어 보아요

※ 71P

숫자 '5'를 배웠어요

※ 72P

수를 세어 보아요

※ 73P

1, 2, 3, 4, 5 선 잇기

※ 74P

1~5까지 개수 세기

※ 75P

하나씩 짝을 지어요

※ 76P

모자는 몇 개일까요?

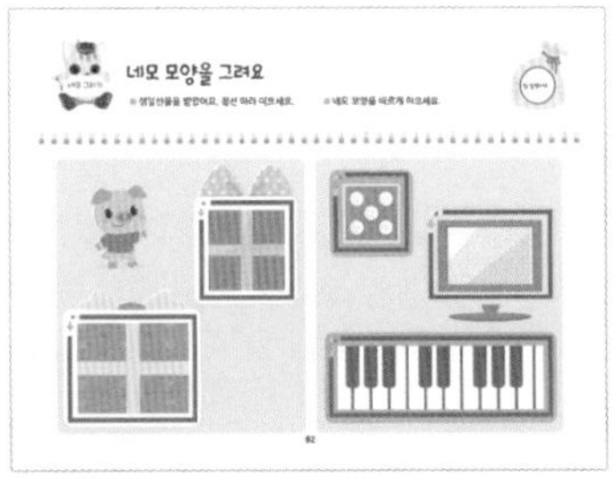

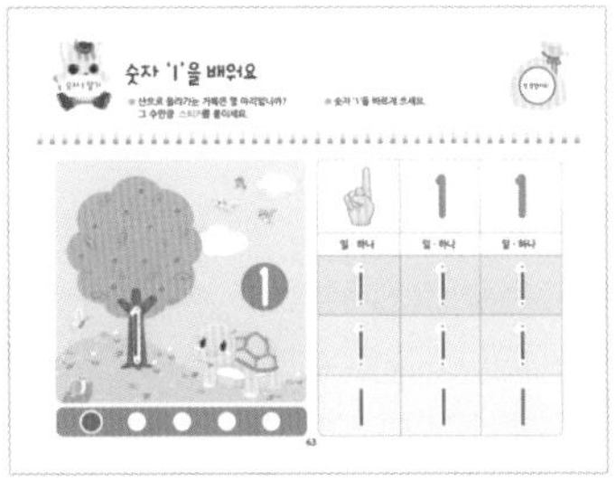

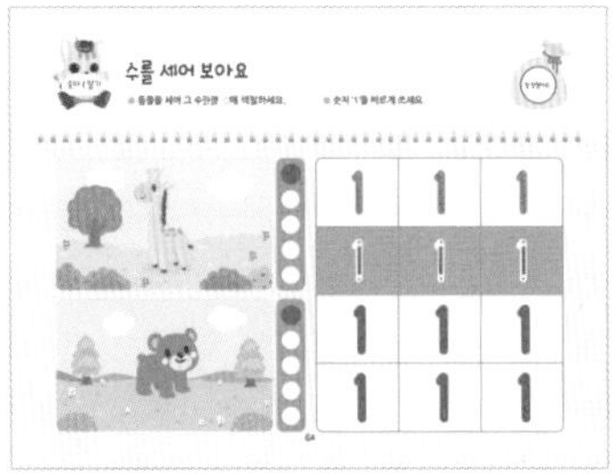

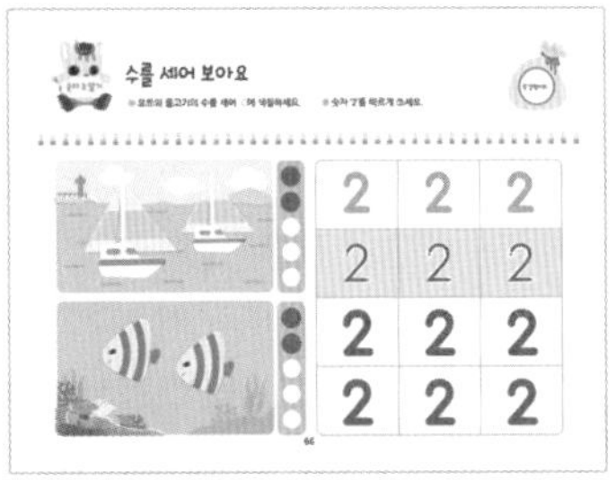

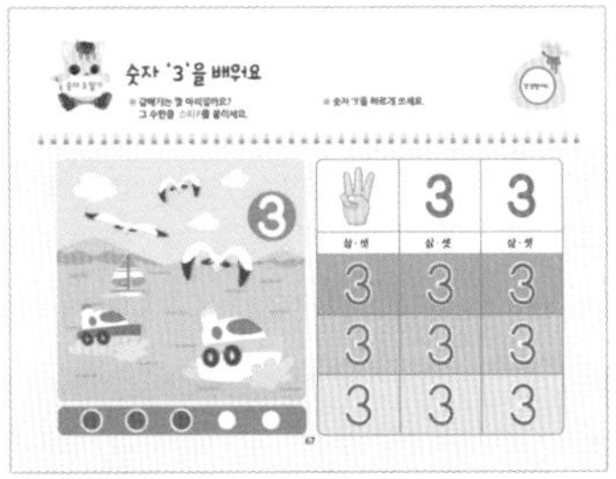

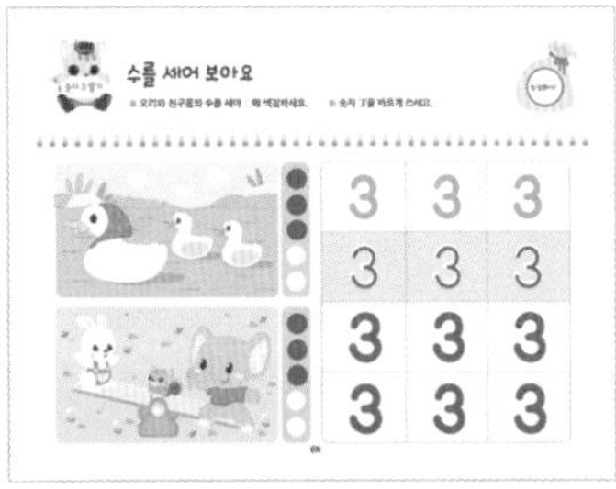

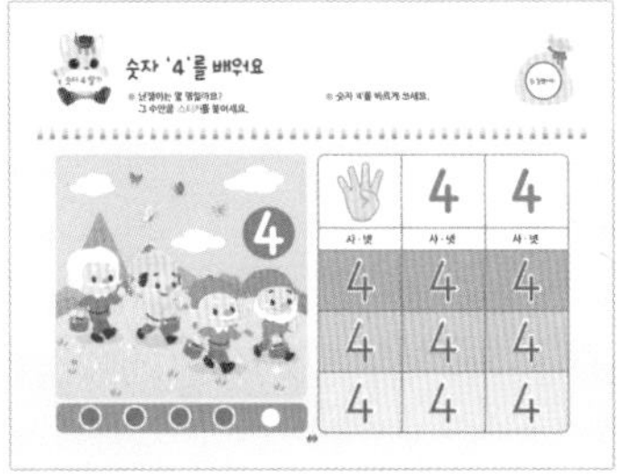

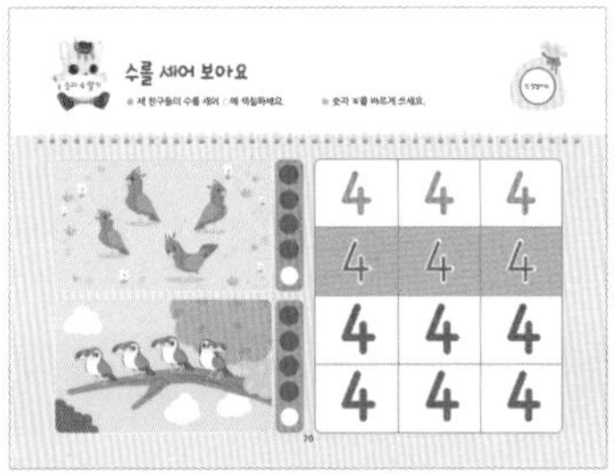

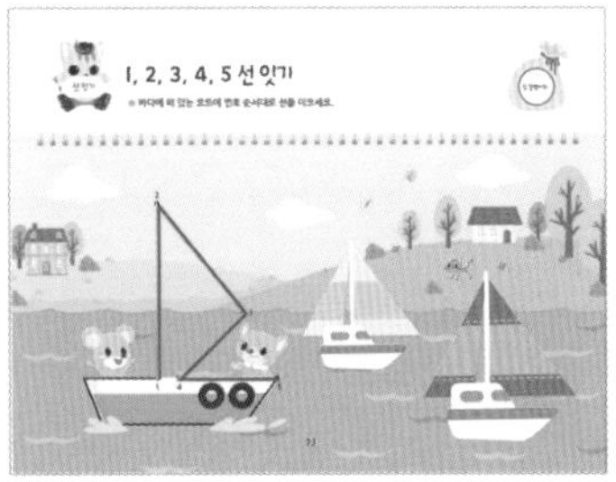

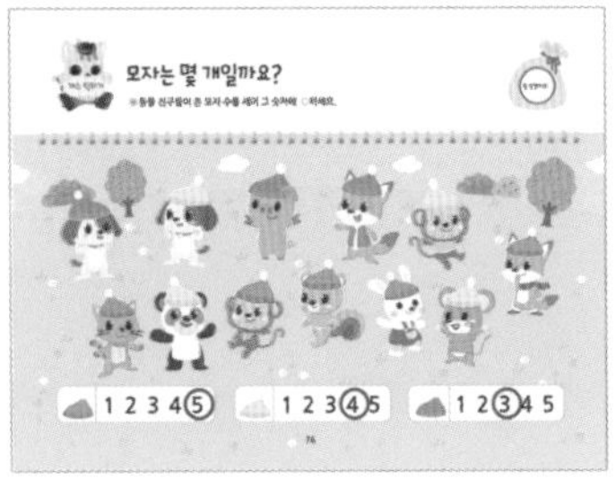

입학 전 수학떼기 · 숫자 카드 3 · 4세

절취선을 가위로 오려서 사용하세요.

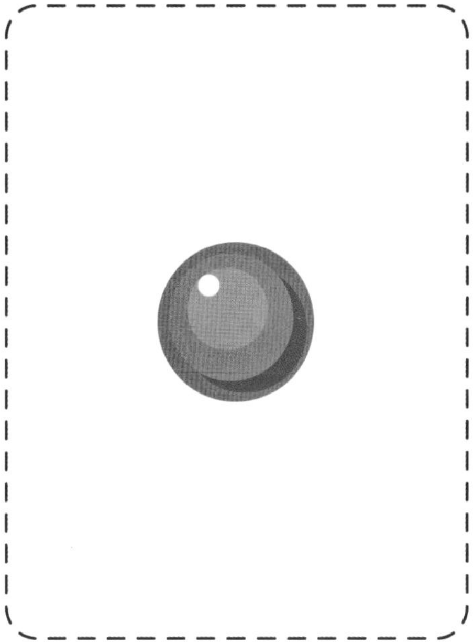

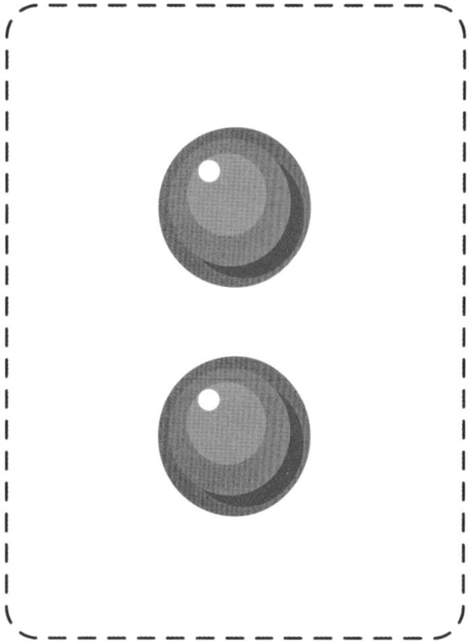

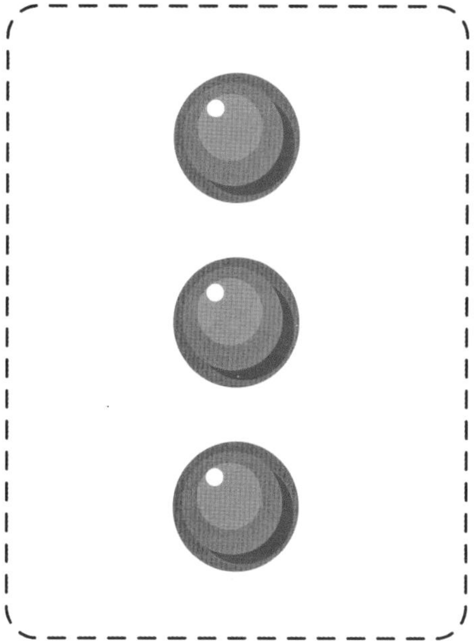

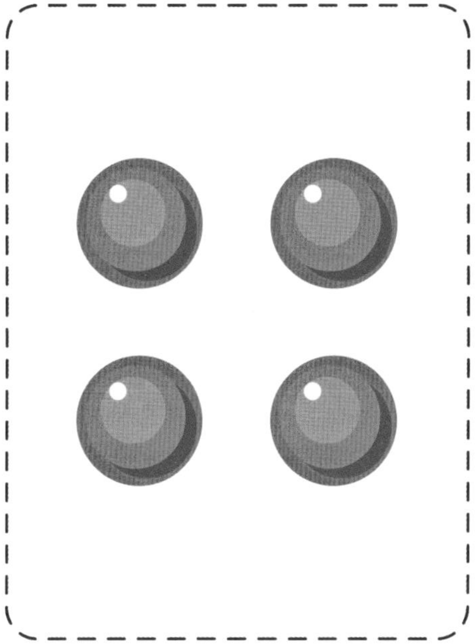

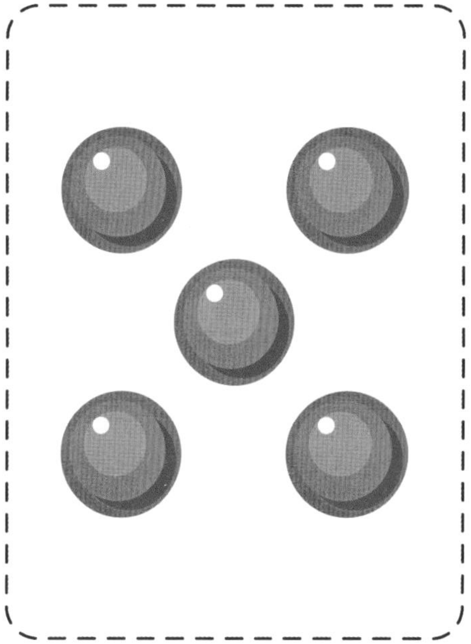

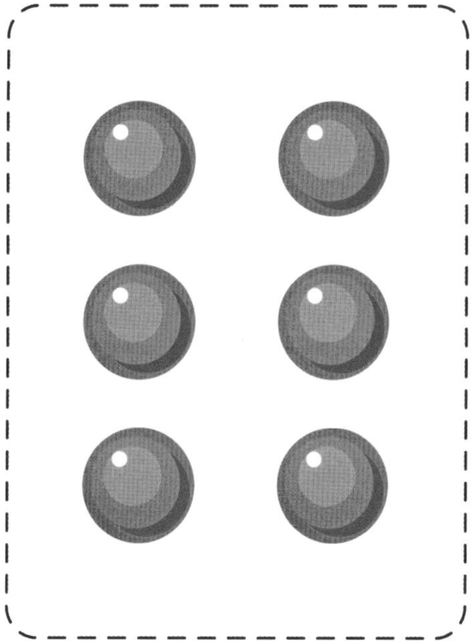

절취선을 가위로 오려서 사용하세요.

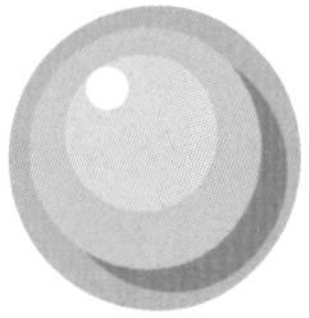

2

1

0

✂ 절취선을 가위로 오려서 사용하세요.

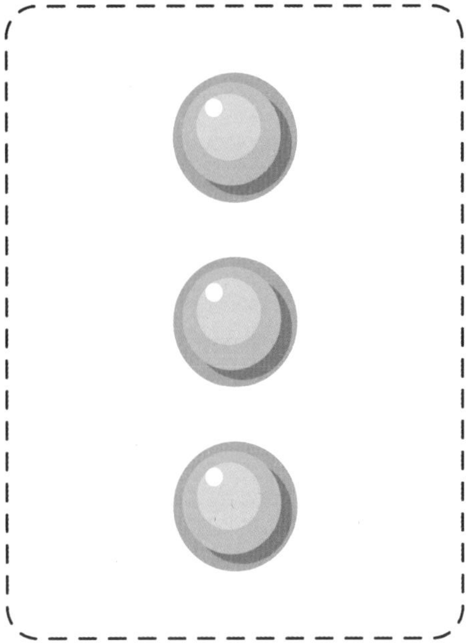

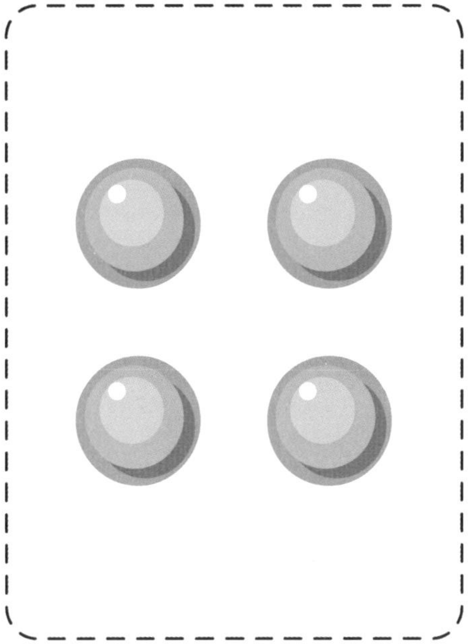

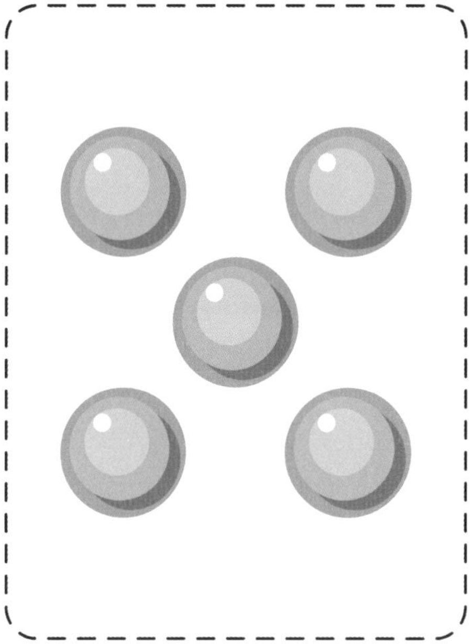

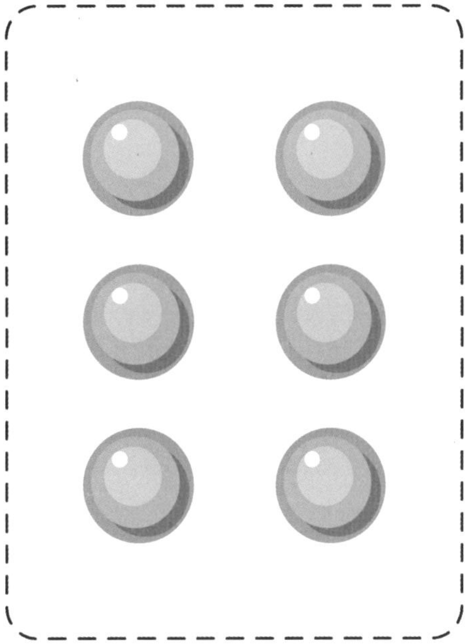

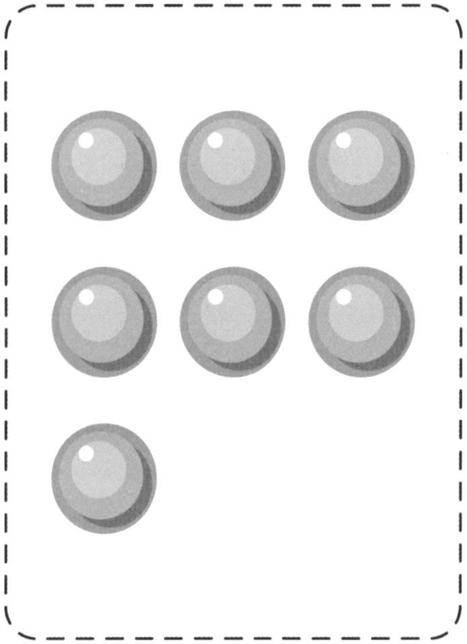

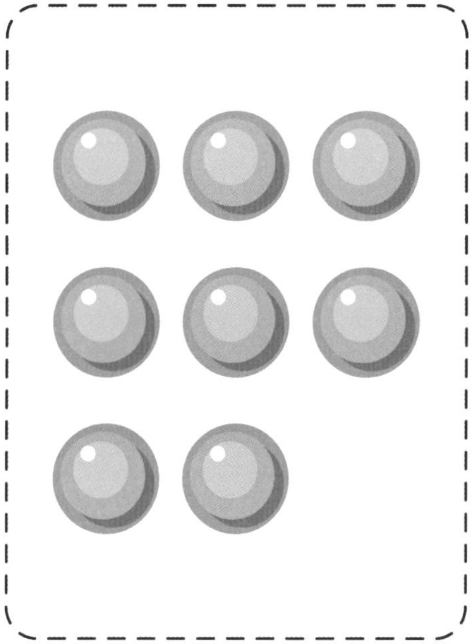

5	4	3
8	7	6

절취선을 가위로 오려서 사용하세요.

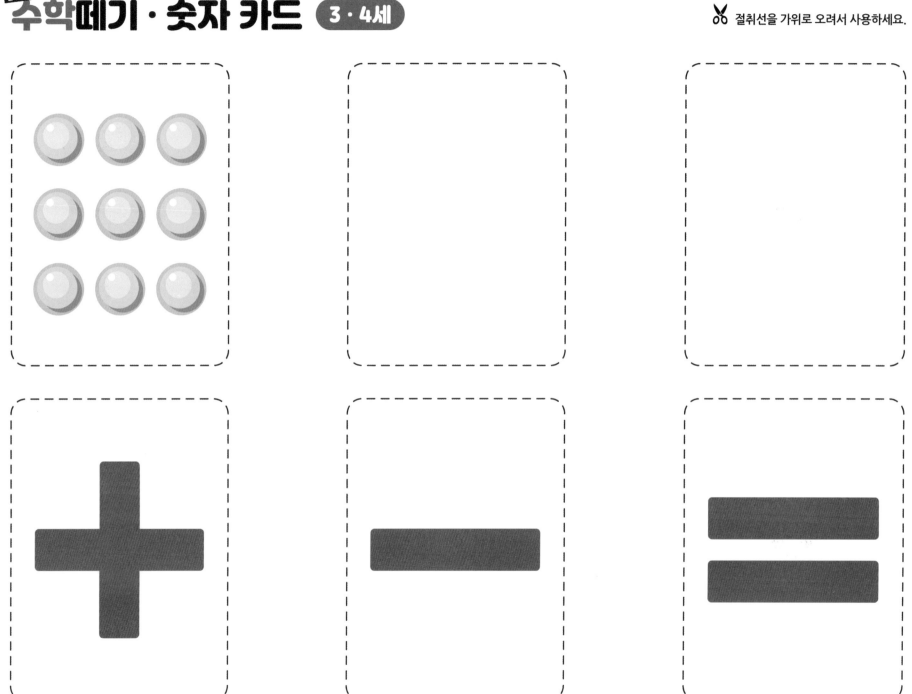

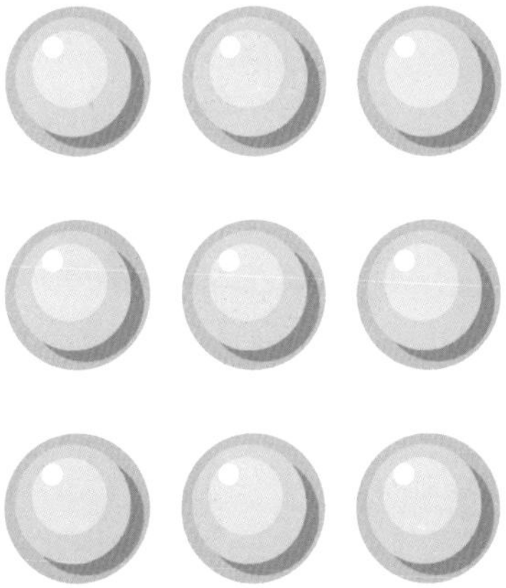

+

−

=

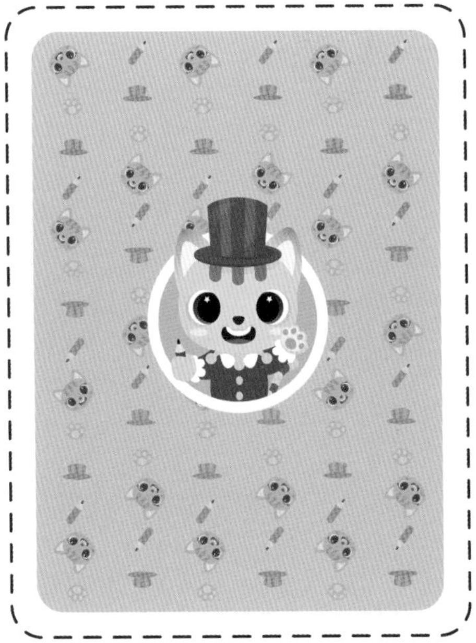

0

9

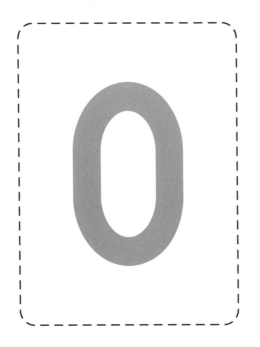

입학 전 수학떼기 · 숫자 카드 3 · 4세

절취선을 가위로 오려서 사용하세요.

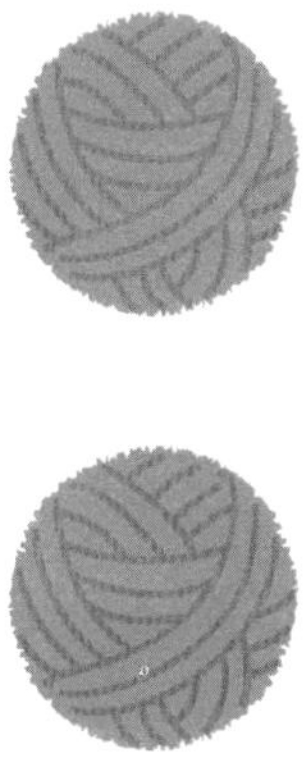

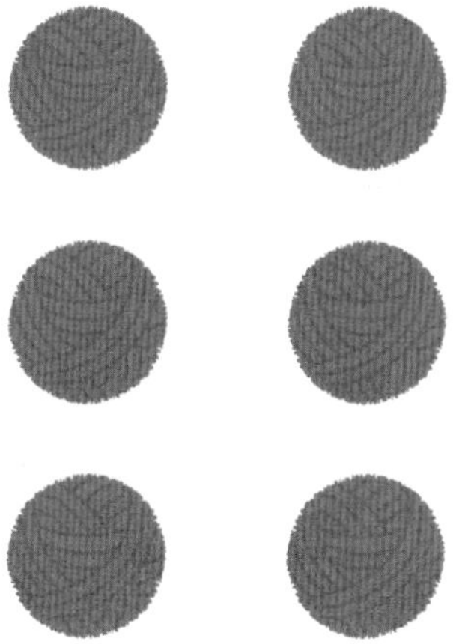

3	2	1
6	5	4

✂ 절취선을 가위로 오려서 사용하세요.

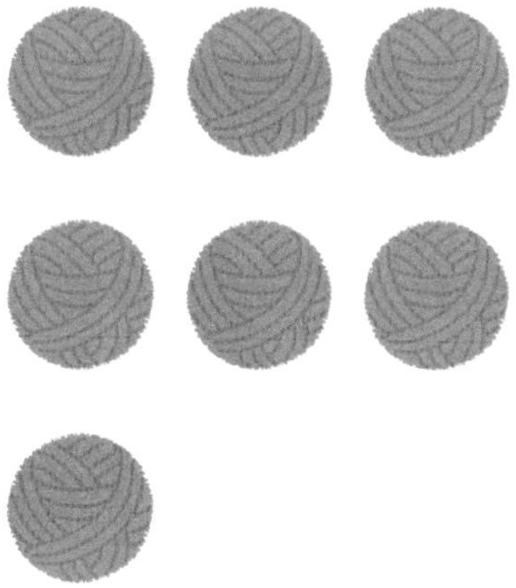

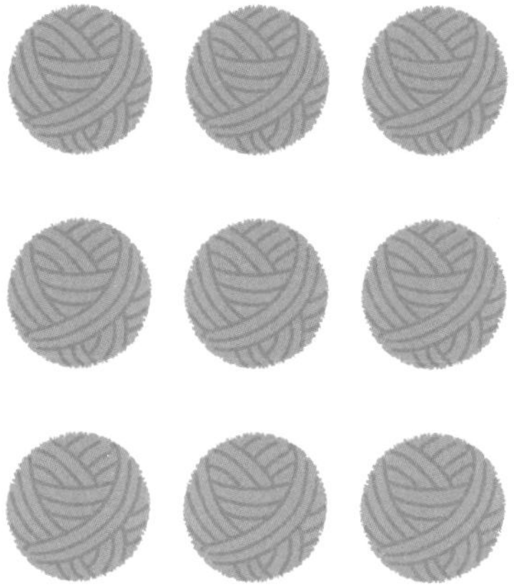

9 8 7

2 1 0

절취선을 가위로 오려서 사용하세요.

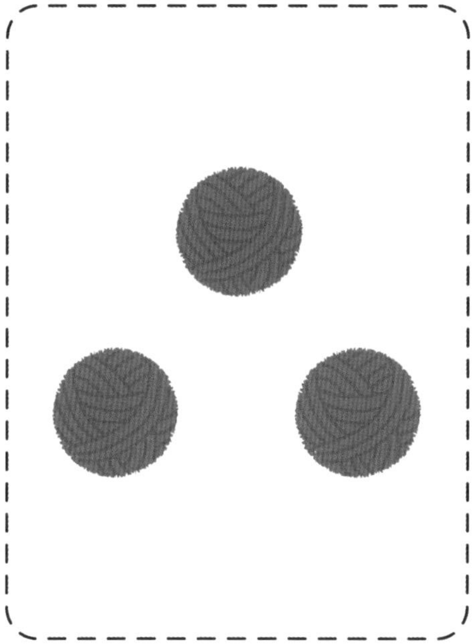

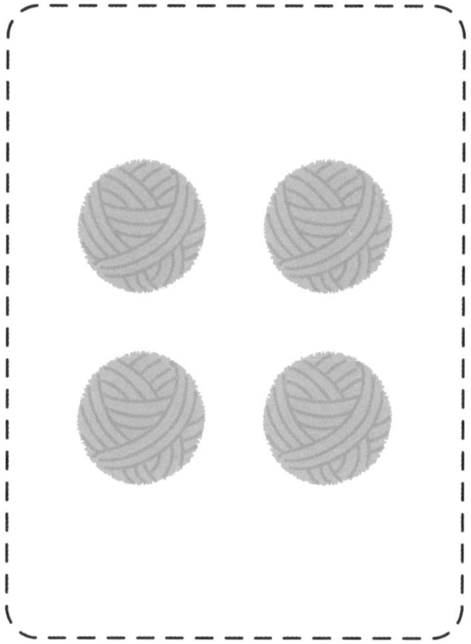

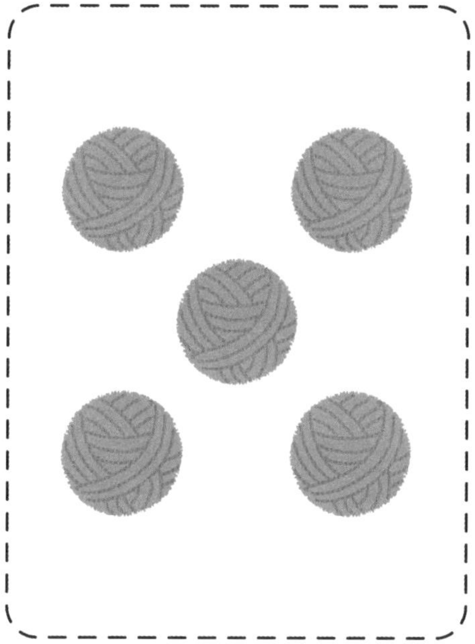

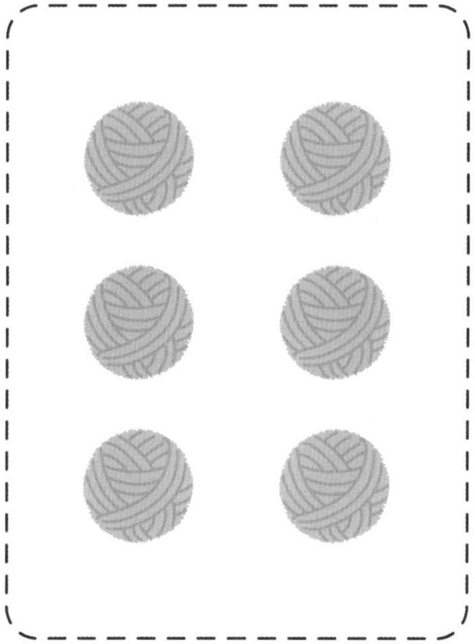

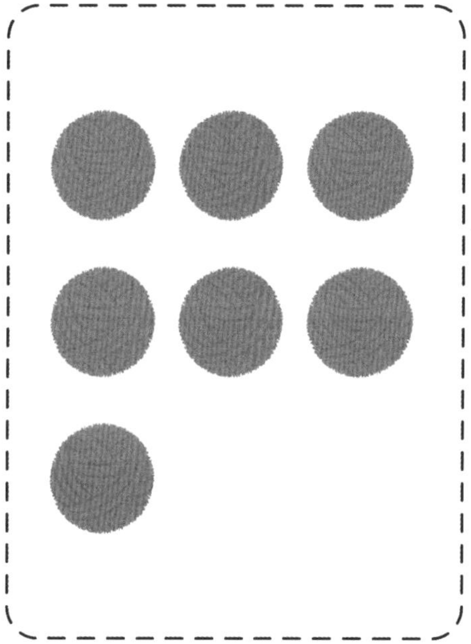

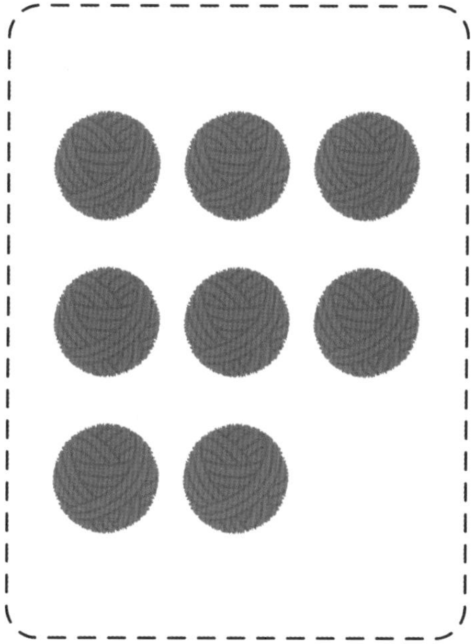

5 4 3

8 7 6

절취선을 가위로 오려서 사용하세요.

+

−

=

0

9